成长也是一种美好

内在觉醒

做一个不再自我消耗的成年人

于德志 著

人民邮电出版社
北京

图书在版编目（CIP）数据

内在觉醒 ：做一个不再自我消耗的成年人 / 于德志著. -- 北京 ：人民邮电出版社，2023.8
ISBN 978-7-115-61375-2

Ⅰ. ①内… Ⅱ. ①于… Ⅲ. ①心理学－通俗读物 Ⅳ. ①B84-49

中国国家版本馆CIP数据核字(2023)第047148号

◆ 著 于德志
责任编辑 陈素然
责任印制 周昇亮
◆人民邮电出版社出版发行 北京市丰台区成寿寺路 11 号
邮编 100164 电子邮件 315@ptpress.com.cn
网址 https://www.ptpress.com.cn
天津千鹤文化传播有限公司印刷
◆开本：720×960 1/16
印张：17.5 2023 年 8 月第 1 版
字数：250 千字 2023 年 8 月天津第 1 次印刷

定 价：69.80 元

自序

认识规律，唤醒生命的智慧

在近几年的心理服务中，我先后指导过上千位来访者及其家长，他们的年龄，小的只有六七岁，大的会超过 70 岁。不管他们人生经验是多是少，每位求助者在困境中都很努力地想要知道“为什么”。

清晰地理解“为什么”并将之应用于需要的生活瞬间，被我称为内在觉醒，它会带来生命的智慧。

在昆明，一位司机就偶然跟我聊起打车平台的派单规则。

司机：“真的搞不懂平台是如何分配订单的，感觉服务质量好的司机最吃亏。就像我，服务分通常都是满分 130，可当我把手机和朋友的手机放在一起时，先接到单的都是服务分只有 110 分或 120 分的他们。更气人的是，他们总能接到路程几十公里的大单，而我接的都是些难跑的起步单。”

我：“这么说来，确实不合理啊。”

司机：“是呢，昨天我一天没接单，被扣了一两分，结果今早出车第一单就跑了 16 公里，你这是第二单，也有 13 公里。对我们来说，超过 10 公里的单都是好单。”

我：“也许平台‘歧视’满分？”

司机：“谁知道呢。虽然今早这两单看起来是这样，但我还得再对比看看。”

在我看来，这位司机的行为充满了智慧：他能注意观察看似混乱而无序的事实，并依托事实去分析、总结背后的运作机制，进而进行初步有序的归因，然后据此调整自己有意识的行动。尤为难得的是，他还能进一步等待新的事实出现去验证或调整之前的归因。

当然，他的表现并非他所独有。从小到大，每个人都在努力学习以唤醒内在的智慧：观察现象，从混乱、无序中发现秩序，再依托秩序更好地行动。

这种内在觉醒以及由此带来的行动，可以带我们走向生命的两大核心主题：更好地理解自我、他人以及事物的运作规律，从而于无序中掌控秩序；利用对各种规律的理解来指导行动，从而改善生命体验，让生活变得更加轻松、美好。

内在觉醒，
需要清晰发现并理解生命的不自知现象。

每个人都渴望拥有秩序，构建内在智慧，并借此获得更美好的生活。

遗憾的是，我们不知道自己经常错认秩序，不知道自己会因此丧失智慧而深陷生命的苦难。

比如一位高三的来访者告诉我："我就是个废物，真的很差劲，什么都做不好……我不想再努力了，我完了。"

我："跟我说说，是什么让你感觉怎么努力都没用的？"

来访者："再有50天就高考了，可我根本无法集中注意力，上课总是走神。我拼命控制自己的注意力，努力告诉自己'集中注意力，千万不要走神，老师讲的可能很重要……'，但我还是听不进课、学不到东西。"

这位来访者的无力和绝望，就在于错认秩序：他不理解注意力的运作逻辑，也因此看不到自己身上的事实，即努力控制注意力导致注意力进一步失控。结果，**他为解决问题而付出的努力，反而成了问题存在并加剧的诱因！**

这就是内在觉醒每时每刻都可能面临的阻碍：生命的无意识。

生命中的大部分快乐与痛苦，都跟这种无意识有关——这种无意识是不可抗拒的生命运作机制的一部分。

我们可以享受快乐，但不愿意承受痛苦，我们总是迫不及待地想要远离痛苦。

要终结痛苦，我们就需要有能力处理痛苦背后的无意识。可是在无意识的状态下，我们会对事实视而不见；又因为视而不见，我们会像那扑火的飞蛾，满怀希望地冲向所谓的“光明”，却只能遭到一次次无情的灼烧。

在生活中，很多人会将这种视而不见和飞蛾扑火般的行为归因为个人缺陷，但这不是事实。视而不见源于无意识导致的一个全新的生命事实：活着却不自知。我们拥有生命，却对生命的事实和运作逻辑知之甚少；我们一直在行动，却可能完全不清楚行动究竟意味着什么；我们每天与自我、他人以及世界共存，却对自我以及内外关系的运作逻辑感到异常陌生。

虽然我们习惯于相信“我清楚地知道自己在做什么”，但“不自知”才是生命运作的常态。在任何时候，我们只有越过不自知，才有机会展现生命的其他状态：自知。

有一位来访者告诉我：“只要孩子好了，我肯定就好了。”

我：“你觉得自己的心慌、失眠等问题都是孩子造成的？”

来访者：“当然，她如果能顺利上学，我怎么会心慌、失眠？！”

我：“那我们一起来看看。你提到早起时会心慌，告诉我起床时发生了什么。”

来访者：“早晨我还没有睁眼，脑子里就有各种与孩子有关的事情。”

我：“因此你迅速体验到了心慌？告诉我，那一刻孩子与你有任何互动吗？”

来访者：“没有啊，孩子在自己屋里。”

我：“那么，这一刻你的心慌与孩子有任何关系吗？”

来访者：“当然有啊，我在想跟她有关的事情。”

我："留意你的话'我在想'。你看，这是你自己的行动，是'你在想'这个动作带来了体验的变化。你现在感觉心慌吗？"

来访者："本来不慌。但你提到孩子，我确实又有些不舒服了。"

我："来，试着具体描述你能体验到哪些不舒服。"

来访者："胸口有点儿堵，喘不上气……"

我："试着像我一样展开身体，然后告诉我堵的位置具体在哪里，有多大，有没有细节变化……"

几分钟后，来访者："奇怪，堵的感觉好像没了。"

我："你看，体验有了变化。问问自己，上一刻感到痛苦和这一刻痛苦消失，这些体验的变化究竟是源于孩子，还是只跟你自己的生命活动有关？"

就像这位来访者展现的，**她的心理苦难源于个人的生命活动，**也因此，这些苦难完全可以被她独立处理。

我们往往对此一无所知。也因为一无所知，在错误归因的指引下，我们的行动会远离智慧，变得盲目而有害。比如在生活中，很多人会持续地自我贬低，会在遭遇痛苦时反复思考、分析、抉择，会认为做出选择就能走出困境，或者会为了改善自己的状况而努力要求他人、环境做出改变……如果真的试过这样做，那我们很容易看到一个事实：它们对走出困境毫无意义。

不仅如此，在盲目的行动中，我们与自我的冲突、与他人的冲突以及与世界的冲突只会愈演愈烈，而我们的生命也仿佛失去了控制，越来越由不得自己。

在《星球大战》中，尤达大师将这一现象描述为"黑暗的力量过于强大"。

其实，尤达大师错了。他以为的"黑暗的力量"其实根本没有黑暗属性，它们不过是意识无法第一时间觉察并理解的生命运作逻辑。这种逻辑，蕴含于自然万物和人类社会的运作中——被老子称为"道"；也蕴含于每个人的生命运作中，在本书中我将之称为"无名之力"，它涵盖了很多我们难以觉察却又时刻受其控制的生命运作逻辑，既包括与认知、感受、行为、注意、记忆等有关的很容易被观察到的外部表现逻辑，也包括与大脑、神经递质以及体内其他化学物质等有关的难以观察的内在变化逻辑。

有时，生活中的身不由己，源于对无名之力的无知；而有时，生命的苦难，也都源于身不由己带来的盲动！

自知，终结一切
无名之力造就的人生苦难。

活着却不自知，是生命的悲剧；自以为知道实则一无所知——就像前文中高三的孩子以及希望孩子改变的母亲——更是悲剧中的悲剧。遗憾的是，大多数人都活在“自以为知道实则一无所知”的状态下。

我希望能带更多人走出生命的悲剧，我清楚地知道，每个人都可以通过练习发现对生命的无知，进而走向即刻的自知，而清晰的自知，可以终结很多生命悲剧。这一点在很多练习者身上已反复得到印证。

比如一位练习者曾对自己的练习体验有如下描述。

晨跑时，遇到上学的孩子，我脑中迅速出现一个念头：我的女儿要能正常上学就好了。

带着焦虑继续跑，我又看到一个孩子，她是女儿的小学同学，她上的是普通中学，我当初自己非逼着女儿上重点中学，结果女儿现在休学在家，还不如人家开心地上一所普通中学。

这时，强烈的自责、后悔情绪出现，我开始想哭。幸运的是，这一刻我突然发现自己的痛苦，发现此刻注意力又偏离了现实世界，被困在思维故事里。于是，我深吸一口气，尝试把注意力拉回身体：我感觉小腿有点儿酸，摆动着的手臂也开始酸，然后感觉腹部右上方有点儿疼，于是我停止跑步改为行走，去感受疼痛的地方；渐渐地，疼痛消失，这时我又感觉后背、大腿在冒汗，裤子粘在大腿上……此刻，我蓦然发现：之前焦虑、自责、悲伤的情绪早已消失。

这次的练习让我深深体会到痛苦产生、发展以及消失的机制。

这位练习者展现的“从身不由己的痛苦，到回归轻松、重建行动能力”的转变，每个人都有机会做到。

只是，这需要内在觉醒：观察自己的生活，清晰地发现一个悲伤的事实——自己对生命现实及其背后的运作规律充满了无知！

没人愿意活在无知中，因此“我很无知”这一事实，会推动我们踏上全新的自知之路：内在觉醒，就意味着即刻的自知。

这就是本书的核心使命：让每一位有意愿的读者，都能在观察生命现实的行动中清晰地发现自己的无知，并借此理解生命内在的运作逻辑，进而有机会走出无知，终结无名之力驱动的身不由己，创造全新的生命体验。

每个人都有机会即刻感受到生命的意义，
只要我们愿意观察琐碎的生命现实。

当然，走出无知、迈向自知，进而终结身不由己很难，因为我们已经习惯于轻松的生活，习惯于忽略琐碎的生活瞬间。

但生命的逻辑，就蕴藏于麻烦与琐碎之中：

为什么上一刻我轻松平静，下一刻却烦躁、无聊？

为什么上一刻我跃跃欲试，下一刻却又胆怯无力？

为什么上一刻我知书达理、善解人意，下一刻却又变得偏激而冲动？

为什么上一刻我还期待着对方的表达，但对方开口后我却迅速感到烦闷，恨不得对方立即闭嘴？

只有对这些琐碎的瞬间进行清晰而敏锐的观察，我们才有机会走出即刻的不自知，才有机会理解生命中各种真正的“为什么”，进而展现行动的智慧、创造生命的意义。这就如同一位练习者的描述。

昨晚吃完饭后，我头脑中念头不断，觉得生活无趣又无聊，自己就像温水中的青蛙，慢慢地没有了活力……在持续的思考中，工作、生活的无意义感不断袭来。我无意识地拿起手机刷着各种视频，感觉更加无聊却停不下来。幸运的是，片刻之后我终于觉察到大脑无意识的努力和此刻失控的行为，尽管外面下着雨，我还是决定出去走走。

回来后，我心情好了很多，洗澡、洗碗都很带劲。顿悟生命的意义就在于专注于此时此刻！

在生活中，我们每一刻都可能因为无知而走向无意识，但每一刻也都有可能因为自知而充满阳光与活力。

这需要我们跳出习惯，清晰地观察发生了什么。

可惜，一切打破习惯的行动都会让我们感觉累，感觉烦，感觉自己无法坚持。

这种累、烦、无法坚持，都是无名之力控制生命的一部分表现。

可喜的是，没人会放弃对光明的追逐。再绝望的来访者，也依然拥有向上的渴望和行动的意愿。

在这里，我要感谢曾经与我一起努力的所有来访者和练习者，我要感谢我的女儿。本书中的大量案例，都源于与他们的互动。借助这些案例，我才有机会更好地揭开无名之力的神秘面纱，让每一个“**非常努力却因不得要领而反复受挫**”的有缘人，都有机会借助理解逻辑来构建全新的生命秩序，重新成为自己生命的主人。

目录

第二部分 生命的逻辑，我们从未清晰理解

第三章 感受的逻辑 ——感受是生命原动力，它驱动着生命前进

第四章 行为的逻辑 ——自动化反应优先，有意识行动居后

第五章 认知的逻辑
——认知服务于行为和感受

第六章 注意的逻辑
——我们都有机会主动创造此刻的生命现实

第七章 记忆的逻辑——我们一直活在过去而非现在

第八章 资源的逻辑——有限的身心资源需要被统筹管理

第九章 决策的逻辑——依托于感受而非理智

第三部分 揭开无名之力的面纱

如果要评选“最珍视的价值观”，那么“爱”“自由”等概念一定会是其中的重要内容。从古至今，在人类掌握了语言这一思想表达工具后，它们一直是人类赞美并学习的对象。遗憾的是，对人类而言，拥有它们有时只是种错觉。

我们的生活受困于各种未曾被觉察或不被理解的无名之力。这些无名之力时刻牵引、拉扯着我们，让我们看似在爱他人，实则却只爱自己；让我们看似拥有主动行动的自由，实则却只能做出无意识的被动反应。

在被动反应模式下，我们只是无名之力手中的提线木偶。

这是生命的悲剧。

这不是我们想要的爱与自由。

第一部分

我在生活，但对此我一无所知

第一章

自知是一种稀缺的能力

——『我知道』多数时候只是一种错觉

第一节

发现并观察自动化念头：你真的知道自己在做什么吗

女儿告诉我，她对帮助他人很感兴趣，让我推荐一些相关书籍。

既然她有志于助人，那么我希望她能先更多地理解人性，因为**解决问题的基础永远是清晰地理解问题**。

于是，我推荐了著名脑神经科学家艾德里安·欧文的著作 *Into the Gray Zone: A Neuroscientist Explores the Border Between Life and Death*[①]。在书中，欧文分享了自己 20 多年来对植物人的大脑的研究成果。

我没想到，这本纯英文图书，竟然能让之前搞懂每一个英文单词才能流畅阅读的女儿甘之如饴。

女儿："爸，这个科学家真厉害，他发现了那么多别人没有发现的东西。"

我："是的，他的研究没有先例可循，需要有创造性的方案设计。"

女儿："如果没有他的研究发现，很多意识清醒却无法表达的病人，会被人当作无意识或脑死亡的病人来对待，想想就很可怕。"

我："确实，人一生中最悲哀的事情之一，就是在清醒的状态下任人摆布，毫无尊严可言。"

女儿："看了这些病例，有时我就感觉我们很幸运，我们大多数人都是健康、清醒的，知道自己在做什么，也能有效地维护自己的利益。"

---

① 该书中文译名为《生命之光——神经科学家探索生死边界之旅》。

女儿的话瞬间让我想起了那些曾跟我练习心理灵活性的学员。课程刚开始时，其中很多人会直接反驳我："于老师，我不傻，我自己身上发生的事情我很清楚，这种能力不需要你教……"

我："闺女，我先打断你一下。你觉得相比于植物人，我们大多数人都能清晰地知道自己在做什么，也能有效地维护自己的利益？"

女儿："当然，地球人都知道！"

我心里一乐，女儿跟大多数人一样，都活在天真的幻想中。"好的，既然你如此坚定，那我带你一起看看生命中正在发生的事情和实证的科学研究好不好？这会有助于你更多地理解人性。"

女儿对此并不反感。于是，我给女儿展示了一份练习作业，这是一位跟随我学习"如何倾听自己"的学员练习一周后提交的。

来访者案例：奇怪，我的脑袋空荡荡的，没有念头

我展开双臂，麻胀的感觉从掌根开始向手指传递，冲破了指尖。

于老师要我关注自动化念头的变化，我要用心觉察。

右手的指尖像被针扎了似的，一下一下地弹跳着，这种感觉持续了 10 多秒。之后左侧三角肌后束开始酸胀，然后整个左上臂开始酸胀，接着右上臂开始酸胀……很快，上半身开始发热，脖子、前额开始冒汗。真奇怪，我怎么没察觉到自动化念头呢？难道我关注了思维就不会出现自动化念头了吗？

上臂变得非常沉重……我怀疑自己今天坚持不了 7 分钟。呼吸开始加重、加快，胸部、腹部起伏明显，但时间不到我是不会放下双臂的。我感觉快要支持不住时，闹铃响了，我没有急着放下双臂。又过了几秒，我才将双臂慢慢放下。

我：“注意，这位学员练习的目标之一是发现脑子里的自动化念头。根据她的练习作业，你认为她觉察到了吗？”

女儿：“当然，她做了详细的记录，我觉得她做得非常好。”

我：“那我启发一下你。你有没有注意到里面的一句话，‘我怎么没察觉到自动化念头呢？难道我关注了思维就不会出现自动化念头了吗？’”

女儿：“注意到了，这能说明什么？”

我：“你能发现这句话本身就是一个自动化念头吗？虽然她忠实地记录了这一刻，却并没有真的留意到这是个自动化念头！”

女儿：“如此说来，这确实是个未被觉察到的自动化念头。不过，按你的说法，那么她写的‘于老师要我关注自动化念头的变化，我要用心觉察’‘我怀疑自己今天坚持不了7分钟’‘但时间不到我是不会放下双臂的’等，不都是自动化念头吗？”

我：“不错，现在你也能在她的记录中发现更多的自动化念头了。这些自动化念头时不时出现，但这位学员当时是否真的清楚这件事呢？甚至在她详细记录了每一个自动化念头时，她清楚自动化念头出现了吗？”

女儿：“她说自己没觉察到，那就是不清楚。”

我：“你看，虽然她能清晰地记录发生了什么，但记录的时候她并不清楚发生了什么。这句话有些拗口，但现在你已经看到了这一点。那我再问你，这位学员知道自己身上发生了什么事吗？”

女儿：“你把我搞糊涂了。为什么一个人可以清楚地记录下自己身上发生的事情，同时却又不清楚这件事情？这种说法不矛盾吗？”

我：“你之所以觉得矛盾，是因为你对人性的理解暂时不够深。**几千年来，人类之所以一直在赞美自知之明，就是因为自知很难**。可见，‘我知道自己在做什么’，一直都是我们对生命的误解；而这一误解带来的‘我是有理智的，我能控制自己做什么或者不做什么’的看法，更让我们深陷各种麻烦。这位学员展示的情况绝不是孤例。”

第二节

我要去徒步旅行：我们都活在无意识中

从前文的练习作业中，女儿看到了人类行为内在的矛盾性，却不理解为什么会存在这种矛盾性。

我：“**生活中有太多显而易见却被我们自动忽略的真相。当然，这并不代表我们的能力弱，只能说明我们还没习惯自己去探索，去发现**。其实，我们如果稍加留意，很容易就能发现‘不自知’的情况俯拾即是。我给你分享一段家长自我觉察的练习作业。”

来访者案例：我该如何走出不安的情绪

原本我一直不太理解痛苦产生、发展以及消失的机制，但昨天在同学的帮助下，我感觉自己似乎理解了。今早醒来，我想起的第一件事就是儿子半夜1点醒来加餐，不知道他后来几点睡着的……这时，我突然意识到自己的注意力又回到了这件特定的事上，而它诱发了我的不安情绪，于是我下意识地体会身体此刻的感受，我真的没有像昨天那样出现强烈的不安情绪了。这一刻，我感觉自己真的开窍了：我清楚地知道了自己为什么痛苦，以及如何终结痛苦！片刻之后，不安的情绪又出现了，我再次很快意识到了，便立刻重复一遍刚才的行动，也再次体验到了不安情绪的消失。

昨天看了于老师的点评，他让我观察无意识状态下的左思右想，这确实很有用。可儿子怎么办呢？他的睡眠真的很不好啊，我该如何帮他解决这个问题呢？想到这里，我又开始不安。我到底该如何走出不安的情绪呢？

女儿：“有点儿奇怪，她最后依然在思考如何走出不安的情绪。她自己刚刚才成功体验过两次，为什么这个问题能再次困扰她？”

我：“这就是生命的现实之一——哪怕对同一件事、同一个规律，知道、不知道也可以瞬间切换。人们上一刻知道，并不意味着下一刻依然知道；而上一刻不知道，也并不意味着下一刻依然会处于不知道的状态。现代脑神经研究揭示了一件事，对于知道和不知道，大脑运作有明确的区分标准。后面我们会详细谈到这些研究。我所说的很多人不知道自己身上发生的事情，包含两种不同的情况：一种是完全不理解规律导致的不自知；另一种就像上述案例中的情况，即虽然她已经对不安情绪产生的机制有了基础的理解，也在前两次不安中成功展现了理解，但在第三次不安中，她不再有能力唤醒这种理解，虽然她在有意识地思考，但她根本不知道自己究竟在做什么，这就是不自知，就是生活在无意识中。”

女儿：“你的话充满了矛盾，一边说她在有意识地思考，一边却又说她不知道自己在做什么。”

我：“当你有能力观察生命事实时，你会清晰地发现，无意识运作的生命，充斥着各种我们未曾留意的矛盾冲突。”

女儿：“这真的很让人沮丧。”

我：“其实，只有发现无意识状态下的矛盾冲突，我们才有机会走向有意识，进而完成自我改变！我说过，理解人性是助人的前提，而理解人性的起点，就是清晰地观察并透彻理解什么是有意识，什么是无意识。我用一句话概括一下，这会让你印象更深。**我们大多数人，在生命的每个瞬间都是看似清醒实则糊涂的——我们不清楚自己身上发生了什么，不清楚那一刻我们正在说什么或者做什**

么，更不清楚我们在说在做的究竟意味着什么。为了让你更好地理解这一事实，我借用内尔·卡尔森教授分享过的一个案例。”

偏瘫患者：我要去徒步旅行

卡尔森的同事接诊了一位72岁的男性中风患者V。这位患者右脑大面积受损，导致左侧身体麻痹，丧失了行走能力。跟随着这位同事，卡尔森等人一起见到了患者V先生。

V先生坐在轮椅上，左臂被吊带固定着，以免碍事。见到大家，V先生礼貌地表达了欢迎，发音清晰。虽然中风，但V先生依然很聪明，能够解释意思含混的词语，说出谚语的含义，提供补充信息，做心算，等等。事实上，虽然其母语并非英语，但他的语言智力测试成绩仍属于人群中的前5%。

与V先生互动时，卡尔森等人询问了一些与其生活方式有关的问题。

“您最喜欢的娱乐活动是什么？”

“我喜欢徒步旅行，尤其是去树林里徒步。我书房的墙上挂着许多国家森林的地图，所有走过的路线我都会做上标记。估计再有6个月，我就能走完所有在一天之内可以完成的短路线。我上了年纪，不适合在树林里露营了。”

“您准备在6个月内走完这些路线？”

“是的，然后我要再走一遍。”

“V先生，您觉得要做这件事会有什么困难吗？”

“困难，你指什么？”

“比如身体问题。”

“没有。”V先生不解地看着提问者。

“好的，那么您正坐在什么东西上？”

V 先生瞥了对方一眼，似乎觉得这个问题很蠢，甚至有点儿冒犯他。“当然是轮椅了。”他答道。

“您为什么坐轮椅？”

这下，V 先生彻底被激怒了。显然，他非常不喜欢这种愚蠢的问题。“因为我左腿瘫了！”他厉声回答。

——内尔·卡尔森《生理心理学（第九版）》

第三节

自以为“知道”，实则“一无所知”：如何“清晰地知道”

女儿：“好吧，这些案例看起来很奇怪。为什么会发生这样的事情？为什么V先生明明知道自己左腿瘫了，却还像个没事儿人一样想去徒步旅行？”

我：“你看，这就是我们正在探讨的问题，看起来我们‘明明知道’，但实际上我们‘一无所知’。之所以会出现这样的情况，是因为大脑运作的机制中，眼、耳、鼻、舌、身等感知层面的‘知道’，与意识层面的‘知道’截然不同。”

女儿：“真是无奈，你彻底把我绕晕了。怎么感知层面的‘知道’和意识层面的‘知道’还有区别？”

我：“我给你看个实验，它清晰地展现了感知和意识的不同。”

选择性盲视实验

彼得·约翰松给男性被试展示了两张有女性面孔的卡片，让被试选择一张他喜欢的，然后将卡片递给被试，要求被试说出自己更喜欢这副面孔的理由。其实，当两张卡片正面朝下放着时，研究人员偷偷调换了它们——被试最后拿到的卡片不是自己选择的那张。

结果，近70%的被试并没有觉察到异常，他们很高兴地对自己实际上并没有选择过的卡片进行评论，并开始想出一些理由证明为什么这副面孔比另一副更有魅力。

女儿：“心不在焉吗？这种体验我知道。我有一个好朋友曾经先背诵了《劝学》，然后翻开高一语文辅导手册想要看看对应的译文。结果，她一边看一边嘀咕：‘这是什么破译文，简直就是胡说八道，荀子怎么可能是这个意思？’几分钟后，她突然发现了一件事：‘我怎么在看《师说》而非《劝学》的译文？我说怎么感觉都是胡说八道！’”

我：“不错，这就是‘自以为知道实则一无所知’。她想看《劝学》的译文，实际上看的却是《师说》的译文，此刻‘我想要做的’和‘我正在做的’就出现了分裂，但这并不妨碍她自动判断出自己正在看的译文与背诵过的《劝学》的内容风马牛不相及。这种‘自以为知道实则一无所知’的状态持续存在，直到几分钟后她清晰地意识到这种分裂——‘我怎么在看《师说》而非《劝学》的译文？’，才真的从无意识‘知道’进入有意识‘知道’的范畴。”

女儿：“我知道了，‘知道’在这里好像有两种不同的状态，一种是表面的，或者说是语言层面的；另一种是深层的，或者说是意识层面的。”

我：“是的。还记得我给你展示的那个学员的例子吗？她以为自己没有自动化念头，其实只是没有觉察到，因此练习时她时而困惑，时而对自己充满怀疑。我再给你看她后来的一份练习作业，看看她真的知道发生了什么时的状态。”

来访者案例：奇怪，我的痛苦怎么突然消失了

昨晚于老师让我觉察自己因为孩子中考在即而产生的焦虑情绪。

早上，孩子只和我板着脸说了几句话，这让我挺难受的。我一上午都处于这种状态，还哭了两次，感觉自己快崩溃了。于是我给老公发信息，说自己有多么不容易，越想越觉得委屈、伤心。

下午 2 点，我突然觉察到自己当时的情绪：内疚、自责、后悔、无力。当我

真的觉察到这些情绪时，一瞬间就没那么难过了。于是我起身到孩子房间和她说了几句话，抱了抱她。孩子此刻从我身上感受到不再是这两天的焦虑情绪，她也高兴起来。

傍晚和孩子一起下楼去锻炼，说话时有几次我都突然觉察到自己无意识的语言，于是马上就停止了，结果整个过程都很愉快。我突然体会到当我真的有能力觉察到自己身上发生的事情时，所有的痛苦都不会持续太久！

女儿："跟之前那个走出不安情绪的案例很像，我感觉真的很神奇。上午，当她不知道自己身上发生了什么时，痛苦变得越来越强烈，仿佛没有尽头；但到了下午 2 点，一旦她真的留意到自己身上发生了什么，痛苦又很快消失，她一下子就变得更轻松、更有力量，也能与孩子良好互动了。"

我："是的，这就是'一无所知'和'清晰地知道'的区别。在生活中，我们总以为自己能'清晰地知道'，但自知其实是一种稀缺的能力。大多数时候，受限于各种内外条件，我们只是处于一种'自以为知道实则一无所知'的状态。我再给你分享一个一对父女互动的案例。"

来访者案例：如果你走出困境，我自然就好了

基础背景：孩子因为几周前与父母的冲突，陷入持续的委屈、愤怒的感受，她无法自行消化这份感受，于是就在与父母的互动中，要求父母做出改变。

父亲很无奈，带着她一起来找我。"于老师，我总是教她不要管妈妈或我说了什么，要管好自己，做好自己的事情。可她为什么就做不到呢？处理好自己的事情对她来说怎么就这么难呢？"片刻之后，父亲又说了一句："如果她每天能做好自己的事情，我自然能专心做我的事情……"

刚说到这里，孩子就打断了父亲的话：“于老师，你看他又把责任推给我，觉得什么都是受我影响……”

孩子话没说完，父亲就激动地打断了她：“当然是你的责任，如果你做好了，我又怎么会难受呢？”

女儿：“做父母的，有时候真的有点‘虚伪’。她父亲明明在教孩子不要受别人的语言的影响，可孩子才刚一说话，他就受不了了。”

我：“不错，你敏锐地发现了这种矛盾。但是，要留意我们的脑子，因为在自动化的运作模式之下，它很容易得出错误的结论，比如你提到的‘虚伪’。当你理解人性后，你就会知道所有类似的评判都是有害无益的。就像这位父亲，他看似‘虚伪’的行为，其实只是无意识习惯所驱动的身不由己的反应。在这个案例中，父亲能发现孩子受到了自己的影响，进而试图指导孩子不受自己干扰——理智上他清晰地知道该做什么，但在事情发生的那一刻，他与孩子一样受到了对方语言、表情、动作的影响，但他却对这一事实一无所知，这同样是‘自以为知道实则一无所知’。因此，**父亲的问题并非虚伪，而是对生命即刻变化的无知**。”

女儿：“正因为这种即刻的无知，所以你才会说我们自以为知道发生了什么，实则对此一无所知？”

我：“是的，不自知是生命运作的常态。至于为什么，后面我会带你了解。”

第四节

意识的三种状态：“看到”与“注意到”截然不同

女儿：“现在我知道了，‘知道自己在做什么’，在很大程度上只是种错觉。这种错觉的根源是什么？”

我：“导致此刻无意识的原因有很多，有可能是心不在焉，有可能是大脑受损，还有可能是对人性一无所知。后面我会谈到更多，但无论它们具体是什么，都跟我们知之甚少的大脑运作机制有关。一百多年前，奥地利神经学家加布里埃尔·安东发现，自己的某些病人已经丧失视觉，但他们会否认这一点，然后将看不清东西的原因归结为光线太暗、太亮，或者没戴眼镜等。”

女儿：“这是因为大脑受损吗？”

我：“有兴趣的话，未来你可以自己去发现。在生活中，大多数‘不知道自己看到、听到了什么，不知道自己在做什么’的现象，都与注意运作机制有关。有一位家长曾跟我分享了一件事，傍晚她送完女儿后急匆匆地往家赶，因为她担心会错过晚上我们的互动练习课，结果在回家的路上，她人生第一次闯了红灯——在开过路口后她才发现自己竟然没注意到红灯亮了。”

女儿：“在着急的时候，我们看不到发生了什么。”

我：“用‘看不到’描述这种情况是不准确的，确切地说，是‘看到了但是没注意到’。”

“看到”与“注意到”是两个截然不同的概念

犹他大学的戴维·斯特雷耶与同事设计了一项关于安全驾驶的实验，他们想了解开车分心时究竟发生了什么。

在实验中，他们让被试在模拟驾驶器上驾车。模拟驾驶器提供的环境中包含了一个郊区小城的三维地图，其中有住宅区、商务区和包含八个街区的市中心。在小城的各处会有一些一眼可见的、醒目的广告牌。在模拟驾驶器上稍加训练后，被试被分成了两组，一组只需要按要求驶过特定的路线，而另一组则需要一边开车，一边和人通话。

驾驶结束后，被试迅速接受一个选择题测试，测试要求他们选出驾驶途中见过的广告牌。结果发现，一边驾车一边通话的被试在测试中表现很差，他们似乎根本没注意到究竟有哪些广告牌矗立在路边。

为什么这些被试会对醒目的信息视而不见？研究人员又进行了第二阶段的实验：给被试装上视觉追踪仪，然后重复上述实验。结果发现，无论是否在专心驾驶，被试都能恰当地注意到所有重要的物体，不管它是广告牌，还是前方行驶的汽车。

分心的被试之所以表现差，不是因为“没看到”，而是因为他们“看到了却没有真正注意到”。在后续的研究中，研究人员进一步发现，打电话时，即便被试被要求锁定某些目标，他们也无法对目标产生持续记忆。

女儿：“这种体验我有，感觉就是没过脑子。”

我：“没过脑子是有原因的。很多来访者在遭遇心理困境后，会抱怨自己的注意力、记忆力、分析领悟能力等都出了问题，其实，这些现象都与注意运作机制有关。我们所自认为的‘知道’和意识清醒时的‘知道’，有天壤之别。对我来说，**人类的意识可被标记为三种不同的状态：'完全一无所知'的无意识、'自以为知道实则一无所知'的无意识、'清醒知道'的有意识。**"

女儿："感觉要做到你说的'清醒知道'的有意识会很难。"

我："当然。在生活中，绝大多数人都活在前两种不自知的状态下。这令人悲哀，但这就是生命现实。清晰地看到这一现实，将是自我转变的开始。"

本章结语

先贤曾说："知人者智，自知者明。"

要想知人，我们先要有能力自知。

谈到自知，每个人可能都会不假思索地认为："我清晰地知道在自己身上发生的一切。"但现实很残酷。只要我们愿意观察，通常会清晰地发现，在多数时候，我们活着，却对此刻发生的事情一无所知。

换句话说，自知不是生命自带的技能，它是需要后天培养的能力，建基于清晰理解和即刻觉察之上。

这种觉察并非个人主观判断，它有着我们所不熟悉的清晰、客观的标准，但我们习惯于活在主观判断中。

也因此，我们会错过清晰的事实，并在无意中身不由己地陷入对生命的无知状态。

要走出这种无知状态，我们需要有能力重新观察并理解生命现实。

第二章

有意识和无意识

——谁是主角，谁是配角

第一节

任尔东西南北风，我自岿然不动：我的生命我能做主

我："在理解生命现实的道路上，我们已经看到一个事实：**'自知很难，自以为知道实则对自己一无所知，才是生命真正的常态。'**"

女儿："这真是太让人悲伤了。如果连基本的自知都做不到，那还谈什么'自我'？那究竟是什么塑造了'我'？'我'的意识还有什么用？"

我："你看，这就是受困于思维故事而畏惧事实。虽然事实从不会伤人，虽然我们总说自己能看到并尊重事实，但真相是我们会不自觉地畏惧并远离事实，这就是生命的不自知。遗憾的是，只有自知才能带我们走向轻松愉悦的新生活。回到你提的问题上，有一点你说对了，**一旦清晰地发现'不自知'的事实，那我们所坚信的构建于'自知'之上的'我'，以及'我'所秉持的各种信念都会变得岌岌可危。**"

女儿："什么意思？"

我："'我'是有意识的产物，而不自知就是即刻的无意识。在这种无意识的状态下，'我'以及'我'所追求或坚信的一切，比如自由、平等、爱等信念都会面临颠覆性的挑战。这种说法不容易被理解，我换个说法：你觉得自己每天生活得自由吗？"

女儿："没人管我，想做什么就做什么，我就很自由。"

我一撇嘴，翻了个白眼："真蠢。"

女儿勃然大怒，瞪着我大声说道："你再说一遍！"

我笑着拉起女儿的手，说道："你看，一个'蠢'字迅速激发了你的愤怒。这是你想要的自由吗？"

女儿一把甩开我："谁让你惹我？你不惹我，我就很自由！"

我："你看，你的自由是有条件的——在我惹你的那一刻，自由消失了。换句话说，那一刻，你的生命被一个'蠢'字控制住了。这不是自由，真正的自由不是自诩'任尔东西南北风，我自岿然不动'的嘴上功夫，它不受任何拘束，也不需要挑挑拣拣、东躲西藏，它是内在的、无处不在又即刻可得的。"

第二节

什么影响了我的喜好：“我”真的有喜欢的自由吗

女儿：“说简单点儿。”

我：“此刻生命受困于我们不知道的力量，这就是不自由。举个例子，你觉得自己有喜欢或不喜欢的自由吗？”

女儿：“当然有，我又不傻，知道自己喜欢什么不喜欢什么。”

我：“不错，你很确定。那你是喜欢镜子里的自己，还是喜欢照片里的自己？”

女儿：“这还用问？我从来都不上相！我跟你说过，每次和朋友们照相，她们一个个如花似玉，就我不好看。”

我：“其实，很多人跟你一样，都不喜欢照片中的自己。”

为什么我们不喜欢照片中的自己

威斯康星大学密尔沃基分校的米塔等招募了一批女学生，为她们每人拍照。之后，研究者对这些照片做了处理：一张是原版的，另一张是镜像变换（左右翻转）后的新版。然后，研究者将原版照片和新版照片一起呈现给被试，询问她们更喜欢哪个形象。

结果，相比原版，被试更喜欢新版。

随后，研究者为被试呈现了朋友的照片。结果，与对自己照片的态度不同，被试说更喜欢朋友的原版照片。

女儿："为什么她们喜欢朋友的原版照片，而又喜欢自己左右翻转后的照片？这不矛盾吗？我们判断喜不喜欢一个东西时，不应该参照同一个标准吗？"

我："喜好的标准一直都在变化，只是我们未曾留意。上述实验中为什么会有这样的差别？答案在于熟悉度不同。我们看自己，主要借助镜子，而镜子里的形象都是左右翻转的；我们看朋友，直接通过眼睛，也就是说，我们看朋友时看的是原貌，看自己时看的是镜像。这就是展现原貌的照片被差别化对待的原因。"

女儿："好吧，原来**喜欢与否跟熟悉度有关**。这下我放心了，我看自己照片时别扭、难受，不是因为我丑、不上镜，而是因为不熟悉。不过我有个疑问，即便我知道是熟悉度在影响我的感受，但看到自己的照片我还是忍不住难受啊。"

我："你看，这就是你未曾留意的生命现实之一：我们没有喜欢或不喜欢的自由，感受有时完全不受理智控制。"

女儿："那我该怎么办？我怎么摆脱这种难受？"

我："这个问题看似简单，但要回答清楚其实很难。后面我会呈现更多，现在，我先启发你一下。你讨厌夏天的阳光吗？"

女儿："是的，我讨厌被晒黑。"

我："那阳光灿烂而又需要出门时，你怎么办？"

女儿："抹防晒霜或者打太阳伞。"

我："不错，为了避免暴晒，你无须与太阳较量，无须命令太阳离开天空或不要晒你——你知道这不可能。在这种清晰理解的基础上，你找到了有效的行动方案，进而有效避免了无意义的冲突。在生活中，我们每时每刻都有可能体验到各种不愉快，当我们真的理解了它们不可避免时，就有机会停止自动却无益的努力，进而尝试搞清它们运作的规律，再利用规律找到'抹防晒霜或者打太阳伞'之类的有效的行动方案。”

女儿：“你是说，难受时我们需要先理解为什么难受，然后才能更好地解决问题？”

我：“大多数场景下不需要这么麻烦。但如果我们已经反复受困于糟糕的体验，那么答案就很明确——是的，缺乏理解一定会带来盲动，我们只有清晰地理解难受的情绪，才能更好地走出难受的情绪。不过，我们先回到喜好的不自由上——熟悉带来的喜欢，已经渗透生活的每一个角落，但我们对此一无所知。”

一切相似，都可能引发喜欢或支持

研究发现，我们喜欢自己，也喜欢与自己相像或相关的各种事物，这不仅包括长相，也包括我们姓名中的字，或者与自己相关的人、地方和其他东西。

戴维．迈尔斯分享过一个双方实力悬殊的竞选案例：一方是华盛顿州最高法院德高望重的法官基斯・卡洛，另一方是毫无名气的律师查尔斯・约翰逊，二人都没有开展竞选或媒体宣传活动。结果，当两人的名字在投票日出现在选民面前时，原本毫无胜算的约翰逊，竟以 53% 对 37% 的优势胜出。事实上，当地名字里包含“约翰逊”的人很多，一名电视新闻节目主持人也叫查尔斯・约翰逊。因此，当需要在两个陌生的对象间做出选择时，大多数人会倾向于名字熟悉的对象。

有研究者要求麦克马斯特大学的学生与一名假想的同伴玩一种互动游戏，结果发现，参与者对那些从照片上看具有某些与自己相同或相似的特征的同伴更信任，更慷慨。实际上，生日相同、名字相同都能引发更多的帮助行为。

女儿：“原来‘他乡遇故知’‘月是故乡明’背后都是熟悉度在发挥作用。”

我：“是的。**熟悉、与我们相似的人或事物通常都会令我们更喜欢。在人际互**

动中，我们会特别喜欢与我们相似度高的人。”

女儿：“这倒是交朋友的好方式。原本我以为喜欢或不喜欢是由我自己决定的，看样子我高估了自己。”

我：“是的，观察事实，我们会发现在无名之力的影响下，自己只是做着被动的反应，根本没有喜欢与不喜欢的自由！不过，这不是你个人的问题，这是人类共同的问题——为了维护良好的感觉，我们会厌恶并有意识地远离事实，哪怕这样做会带来更大的伤害。”

女儿：“你为什么说‘有意识’地远离？既然已经伤害到自己，那这里不应该是‘自以为知道实则一无所知的无意识’吗？”

我：“不错，看样子你真的理解了无意识和有意识的区别。慢慢你会发现，语言有时并非语言想要表达之物，我们需要有能力越过语言来观察事实。”

女儿：“理解无名之力，就是为了让我们有能力摆脱束缚，或者更好地利用它们？”

我：“当然。生命中有太多一直在发挥作用但我们却一无所知的力量。理解它们，才有机会运用它们。比如斯坦福大学的杰里米·拜伦森教授通过研究发现，在人际互动中，如果甲方巧妙地模仿乙方的动作，且不被发现，那么哪怕甲方只是计算机生成的虚拟人，也会被乙方评价为更有趣、更诚实、更有说服力——互动时乙方的注意力更集中，乙方更有可能赞同甲方提供的信息。”

女儿：“很有意思，熟悉度、相似度、是否被无意识模仿等都会影响喜不喜欢。”

我：“类似的研究有很多，我再跟你分享一个个人体验变化对喜好的影响的案例。”

温度感知会影响对他人热情和冷漠的判断

耶鲁大学的劳伦斯·威廉斯等设计了一项实验，让被试阅读一篇文章，文章描写了一个汇集多人特征的虚构人物。在阅读之后，被试的任务是从给定的词语中，挑出10个最合适的词语来描述此人。给定的词语包含了两类：一类是与温度感有关的词，比如大方、小气，热心、自私，招人喜爱、令人讨厌等；另一类是与温度感无关的中性词，比如健谈、安静，坚强、懦弱，诚实、虚伪等。

开始阅读前，研究人员会创造一个条件，让被试有机会用手拿一杯咖啡。不同的是，有些被试拿的是热咖啡，而另一些拿的则是冰咖啡。

结果，拿过片刻热咖啡的被试，在评价人物时更喜欢用大方、热心、招人喜爱等与温度感有关的积极的词语；而接触过冰咖啡的被试，更喜欢用自私、孤僻、令人讨厌等与温度感有关的消极词汇。与此同时，在与温度感无关的中性词上，无论咖啡冷暖，被试的选择都没有显现这种差别。

女儿：“下次万一有搞不定的朋友，我也得试试带她喝杯热饮。”

我：“不错，理解规律就是为了更好地运用规律。”

第三节

“我理解了”为什么还是没用：为什么我控制不了自己的焦虑

女儿：“但我有一种体验，有时貌似我学习并理解了很多道理，但它们在我的生活中作用并不大。就像我们现在说的‘喜欢或不喜欢的自由’，我知道，只要我没有感情，不受生理、社会或环境的影响，那我就有自由了，但我真的做不到啊！如果没有了喜怒哀乐，那我活着还有什么意思？”

我：“你说得很对，没有喜怒哀乐，生命将毫无意义。这不是我说的自由，这只是心如铁石、麻木冷漠的非人状态。”

女儿：“那理解这些还有什么用？只要有感情，就会受各种或明或暗的力量的影响，这不就意味着人不可能有自由吗？”

我：“在无知或一知半解的状态下，我们很容易陷入悲观，只有清晰地理解了人类为什么不自由，并有能力摆脱导致不自由的种种束缚，我们才会真正获得自由。”

女儿：“有时你说的话，我很难懂。”

我：“当然，理解生命并不容易，它不能借助理智的片段式、选择性、局部化实现，它需要我们清晰地看到生活的全貌——我们是如何认识和理解自己、他人以及世界的？我们是如何对内外刺激做出反应的？我们的体验从何而来？又如何发展？如何被强化或减弱？最终又是如何消散的？那些我们‘知道’或‘自以为知道实则一无所知’的控制生命的力量是如何作用于我们的生活的？……与此同时，**生命是活的，因此我们对生命的理解也要保持鲜活，任何僵硬的理解都无法带来我们渴望的自由**。这样说太抽象，我们试着聚焦于一种简单的体验，焦虑或称紧张、兴奋。你理解它吗？”

女儿：“我太熟了！不过，你怎么把焦虑和兴奋等同了？它俩明明是不同的东西。”

我：“说它俩不同，只是你没有理解它们的实质。既然你很清楚焦虑体验，告诉我具体的感觉。”

女儿：“心怦怦跳，呼吸变快，肌肉发紧，身上开始出汗。”

我：“你曾多次参加歌唱比赛，告诉我登台前的感觉。”

女儿：“我会很紧张，就像刚才说的。”

我：“那一刻你是害怕上场，还是跃跃欲试，期待上场？”

女儿：“当然是充满期待了。”

我：“你看，这一刻，你混淆了焦虑与兴奋。为什么会这样？这就需要理解身体变化的规律：受控于意识无法控制的自主神经系统，当交感神经系统被激活时，我们会心跳加速、呼吸变快，肌肉绷紧且充满力量；当副交感神经系统被激活时，我们会回归平静、放松的状态。而焦虑与兴奋都是我们在交感神经系统被激活时的状态。这种激活带来的身体体验变化细节几乎相同，只是在思维解读上，我们会说自己焦虑或兴奋。”

女儿：“你是说焦虑无法被控制？”

我：“当然，你会感觉‘理解却没用’，很多来访者会说‘你说的没用，我就是很难受，什么都帮不了我’，其中一部分原因就在于交感神经系统运作规律导致的体验不可控性。”

我不知道自己看到了什么，为什么我会因此紧张

巴黎大脑研究所的马蒂亚斯·佩西格里奥尼（Mathias Pessiglione）等人设计

了一项实验：在显示屏上给被试展示一张印有 1 便士或 1 英镑硬币的图片时，随即用一张没有任何金钱暗示的图片取代前一张图片：被试要握紧一个手柄，当握力超过一定程度，就会得到图片上对应金额的奖励。

研究人员控制了有金钱暗示图片的呈现时间：一种情况是持续 300 毫秒，足够被试意识到自己会得到多少奖励；另一种情况是只持续 17 毫秒，以至于被试只能在无意识的状态下接受相关暗示。

在有意识的状态下，面对 1 英镑硬币的图片时，被试会把手柄握得更紧，这合乎逻辑。但令人奇怪的是，在无意识的状态下看到 1 英镑硬币的图片后，虽然被试不知道有什么奖励，但相比在有意识的状态下看到 1 便士硬币的图片时，他们会用更大的力来握紧手柄。并且，被试的手心会开始出汗——就像清晰地意识到有 1 英镑奖励时一样。

女儿："所以身体紧张与否是无意识运作的结果？"

我："确实。在真正有意识的状态下，我们只会关注到此刻的事实，这会让我们远离包括紧张、焦虑在内的一切的心理痛苦。"

女儿："那就奇怪了，比如当我知道自己要打针了，我就会开始害怕，这不就是有意识带来的紧张吗？如果我真的是无意识的，那我根本不会担心啊？"

我："无意识包含两种状态，一种是完全无意识，另一种是自以为有意识实则无意识。在完全无意识的状态下，人没有喜怒哀乐，这在婴儿、沉睡者或植物人身上表现得很明显。只有在自以为有意识实则无意识的状态下，我们才会经历所有的痛苦体验。在你说的这种体验之外，我还可以说出很多类似情况，比如人际互动能力弱的人即将进入一个陌生的群体，没有复习好的学生准备参加期末考试……这些看似是有意识唤醒的紧张，其实都是无意识反应的结果。"

女儿："为什么这么说？"

我："比如打针，有意识的状态是，我清晰地注意到医生、药物、针头，注意到我脑海里跟打针有关的语言，注意到此刻我身体的紧张，然后在这些清晰的事实中，我会自然回归平静、放松的状态。不过，这件事你需要自己体验才能真正理解。**实际上，所有心理痛苦都源自无意识的思维活动——注意力离开了事实而开始自动预测即将发生的不好的事情**。"

情绪体验发生于意识之外

斯坦尼斯拉斯·迪昂与同事将电极植入被试大脑皮质下负责情绪加工的杏仁核区域，以观察被试的大脑活动。

通常，杏仁核区域会对所有令人害怕的东西做出反应：蛇、蜘蛛、令人毛骨悚然的音乐或者陌生人的脸。此前的研究发现，即便是在无意识注意的状态（比如刺激物呈现的时间短于 50 毫秒，大脑意识不到自己看到了刺激物）下，杏仁核区域也会被突然激活。

在新的研究中，迪昂和同事尝试在被试无意识注意的状态下用一些词来刺激他们，比如"毒药""危险"等，结果发现，虽然被试否认自己看到了这些词，但其杏仁核区域都发出了电信号；与此相对照，当被试在无意识的状态下看到"冰箱""奏鸣曲"等中性词时，其杏仁核区域并没有发出电信号。因此，在我们完全不知情的状态下，实物、照片或概念都会影响情绪变化。

女儿："既然情绪不在意志控制的范畴之内，那我们如何控制情绪？你是做心理咨询服务工作的，难道就告诉来访者无法有意识地处理情绪吗？比如他们焦虑时，你就不做点儿什么？"

我：“情绪不可控制，不意味着我们对其毫无办法。不过，在缺乏真正的理解或一知半解的情况下，我说的办法很容易让你困惑。我先带你看个案例。”

来访者案例：我控制不了自己，我的大脑一片空白

于老师，再有两个月我就高考了。

文综科目一直是我的弱项，因为要写的东西太多，之前每次考试我都写不完答案。但这一次情况更严重：文综模拟考试时，我的脑子突然就断片儿了，什么都想不起来，我也什么都不想写，也不知道自己怎么了，就是特别烦，心脏突突地跳，感觉特别恶心。

我努力想要控制自己，告诉自己要答完卷子，但我就是做不到，当时我甚至特别想把卷子撕掉。

结果，最后我几乎交了张白卷。

不出所料，考分出来时，表现好的同学能拿 260 分，而我只得了 160 分。

女儿：“她想控制焦虑。”

我：“是的，焦虑让她大脑断片儿，她想解决这个问题。”

女儿：“那你怎么帮她？”

我：“你急于寻找答案，但真正能帮来访者走出困惑并获得支持的，永远是事实。我们先看一个事实，控制是焦虑的根源而非解决方案，但我们总会忽略这一事实。实际上，包括这次考试在内，一年多来她采取的所有控制措施都失败了。失败时，我们很容易自责，觉得自己不好，不够努力，但真实的原因恰恰相反，我们太过努力地背离生命运作的规律，却希望以此得到好的结果。”

女儿：“我真的想知道你是怎么帮她的？”

我：“简单地说，我带她重新观察发生的事实——控制身体体验，并重新学习有效处理身体体验的方案。之后，我带她练习一件事，大脑停摆时，迅速停止答题，用一两分钟来专心处理身体体验。”

女儿：“她本来就答不完卷子，你还让她停止答题？这不会带来更大的麻烦吗？”

我：“你看，此刻你遭遇的就是思维诱发的不安情绪。我说过，如果不理解生命运作的机制，我说的办法会让你困惑。”

女儿：“是的，我很怀疑这个主意是否有用。”

我：“4 天后，在新一轮的模拟考试中，她尝试了练习过的行动：一次次停下来处理身体体验，最终她答完了历史和政治，放弃了地理部分的大题。因此，考完试后她再度崩溃，直到考试成绩出来。”

女儿：“我就说没用吧！”

我：“考分出来后，她的文综成绩超过了 200 分，年级排位一下子提升了 20 多名！”

女儿：“啊这……有点儿奇怪。”

我：“当你真的理解了紧张运作的机制和影响时，会发现这一点儿都不奇怪。在生活中，我们之所以一直习惯于控制体验或念头，只是因为我们不知道它们不可控制，不知道这样做有害无益。”

什么行动能有效处理焦虑情绪

哈耶斯教授的团队设计了一项实验。

他们安排第一组被试练习腹式呼吸，确保他们在感到身体紧张时能迅速调整呼吸，并体验到紧张程度的下降。

第二组被试被安排练习觉察与表达，确保他们能够清晰地感受并表达此刻身体体验的变化，比如“我注意到呼吸加速，胸部起伏加大，手心开始出汗……”

第三组被试作为对照组，不做任何干预。

此后，研究人员将被试带入实验室环境——空气中 CO_2 含量被人为增加了10%，这会导致进入环境中的任何人，在短时间内就出现明显紧张的身体反应。于是，第一组被试会即刻开始调整呼吸，第二组被试则会观察并描述自己此刻身体体验的变化，第三组被试则依托本能自行处理。

随后，研究人员让被试填一份问卷，其中包含关于情绪体验的问题，比如“在刚才的情境中，你是否感到自己即将崩溃”。结果，第一组中，42% 的被试反馈自己有这种体验，这一比例远高于第三组 28% 的比例。相比之下，**第二组练习观察并描述自己身体体验的被试，没有任何人有即将崩溃的体验**。

女儿：“好吧，听你讲这些，我怎么感觉什么都不做反而是对的。”

我：“你觉得第二组被试什么都没做？”

女儿：“当然，他们根本没有处理自己的紧张情绪，为什么反而效果最好？”

我：“生命运作并不像我们所期待的，完全处于有意识的‘我’的控制之下。也因此，人类极力赞美的‘努力’，在很多时候只会带来伤害而非我们期待的支持。你知道实验中第一组被试为何会崩溃吗？”

女儿：“我正奇怪呢，腹式呼吸不是被证实有效的焦虑情绪处理方案吗？为什么他们反而崩溃了。”

我：“当我们遭遇挑战时，‘有意识’会习惯性地想要控制局面或解决问题，尤其是当我们拥有所谓的‘成功’的经验后。于是，‘我应该……’的期待自然出现。就像在上述实验中，第一组被试会不自觉地认为‘我应该能控制紧张’。但是，在 CO_2 的影响下，无论‘有意识’如何努力，紧张体验都不可能被改变。

于是，‘我应该……’与现实产生分裂，被试内心会出现困惑、自我怀疑等冲突，为了解决冲突，他们会更加努力地控制…… 但努力与 CO_2 一样，都是紧张的根源，于是被试的挫败感、无力感会更强……在这种向下的循环中，崩溃自然会出现。”

女儿：“确实，**没有期待就没有崩溃**。”

我：“你要留意，**‘没有期待就没有崩溃’这句话看似正确，实则荒谬绝伦——期待从不会伤害我们，相反，它一直是生命的灯塔**。”

女儿：“那为什么会有第一组被试崩溃和第二组被试平静的区别？”

我：“努力有两种，一种是意志努力，另一种是行动努力。前者通常会让事情变糟，后者才有机会让我们一步步靠近生命的灯塔。刚才我说了第一组被试崩溃的原因，即注意力离开此刻的事实而进入‘我应该……’的世界，这就是意志努力，它带来了注意力与现实的分裂以及持续不断的挫败。与之相反，第二组被试一直在专注地观察、描述即刻的体验，这就是行动努力而非意志努力，他们没有‘我应该……’等意识活动，也因此他们的注意力与现实融为一体，没有分裂。于是，他们虽然同样会体验到紧张，但绝不会崩溃。回到紧张这种体验上，你能自己描述紧张运作的机制吗？”

女儿：“我试试看，紧张是交感神经系统激活的必然结果，这一过程不可控制；同时，期待和为实现期待而付出的‘有意识’努力，都是会强化交感神经系统的活动，所以紧张时，我们的意识越努力，交感神经系统就会变得越活跃，也因此，努力反而变成强化紧张体验的新力量。”

我：“就是如此。当我们不再一知半解，真正理解了紧张运作的机制以及紧张可能带来的伤害，我们就会自然地远离一切与控制有关的努力。上述第二组被试的行动，就带来了这种结果——在清晰的观察与描述中，意识层面不再采取任何控制行动。”

女儿：“因此他们不是什么都没做？”

我：“当然，**那一刻他们采取的，就是顺应生命运作机制的有效行动**。对机制的理解越深入，我们就越有可能远离盲目而无益的努力。”

第四节

行动努力和意志努力：无意识状态会让我们经历无名的苦恼

女儿："其实我也在尝试学习规律。比如最近我看到一句很有道理的话——'发怒，就是用别人的错误来惩罚自己'。我决定不再发怒了。"

我："看样子你混淆了规律与观点的区别。不过，既然你觉得这是规律，也决定不再发怒，那么能做到吗？"

女儿没有丝毫犹豫："那怎么可能！该生气的时候我还是会生气。"

我："依我看，情况可能还会更差些吧？比如生完气，你会不会因为'做不到承诺的事情'而感到一丝自责？"

女儿："好像会。"

我："你能理解这里面的规律吗？"

女儿："说说看。"

我："我们一直在呈现一个事实，**身体体验从来不在意志可控的范畴内**。从语言层面来看，你仿佛已经理解这一点；但从行动层面来看，你对此一无所知，依然在努力重复既有的控制行为。也因为这种努力，所以你会持续受伤。"

女儿："天哪，我都没注意到'我决定不再发怒'是在用意志控制体验。现在我真的理解了什么是'自以为知道实则一无所知'。"

我："不要急于说自己理解，真正的理解展现于即刻的行动而非语言中。关于体验不可控，我再帮你体会一下。你发怒的时候，能感受到身体的变化吗？"

女儿："能，我心里会蹭地蹿起一股火，血液一下子涌上头，心跳迅速加快，然后手开始发抖，身体变得僵硬……”

我：“不错。现在尝试一件事，让你心里蹿起一股火。”

女儿：“做不到啊！那得在我愤怒的时候。”

我：“那试着现在让心跳加速。”

女儿：“你等我运动两下。”

我：“那就不是现在了。试试身体保持不动，然后让心跳加速。”

女儿：“这要求太傻了，我不可能做到。”

我：“既然做不到，当你心里蹿起一股火，血液涌上头、心跳加速时，你怎么去控制它们？如果控制不了它们，那一刻你如何让自己在怒火中平静下来？”

女儿：“好像做不到。”

我：“当然做不到！所有这些都展现了一个事实，我们无法控制身体体验，包括愤怒在内，烦躁、悲伤、无力、绝望、自责等情绪体验出现时，我们都无法通过意志努力来改变它们。”

女儿：“不对啊，你说过有意识地调整呼吸，体验会变；有意识地展开身体或者观察身体体验变化细节，体验也会变。这些不都是在控制体验吗？”

我：“当然不是。这些都是行动层面的努力，而非我们正在说的意志层面的努力。**行动努力和意志努力截然不同**。行动努力通常意味着我们走出无意识反应，进入有意识行动状态，这种行动会创造全新的体验；而意志努力通常意味着我们停留在‘自以为知道实则一无所知’的无意识反应状态下，此时我们只会因循习惯，在旧有体验中反复轮回。”

女儿：“我明白了。意志层面‘我不能发怒’的努力，会与现实层面‘我又发怒了’的事实分裂并产生冲突，于是我自然会因为控制失败而陷入自责、羞愧等情绪，结果意志努力反而进一步伤害了我。”

我：“是的，这就是生命运作的规律之一，**体验不在意志可控的范畴之内，一**

且意志想要通过自己的努力来控制体验，就会带来新的自我伤害。”

女儿：“前面你说我混淆了观点和规律，规律难道不是正确的观点吗？”

我：“当然不是。观点是经验的产物，经验的差异会导致观点的不同。你记得‘两小儿辩日’的故事吗？一说早晨太阳离我们近，因为‘远者小而近者大’；一说中午太阳离我们近，因为‘近者热而远者凉’。”

女儿：“确实，感觉每一句话都是有道理的。”

我：“是的，这就是为什么改变认知很难，所有认知背后，都有特定的经验支撑。”

女儿：“你好像一直反对认知改变？”

我：“我不反对认知改变，但认知改变有两种不同的模式，自我较量后的改变，或者行动改变后不需要意志努力的自然改变。前者可能会带来伤害，而后者会让我们的生命越来越有力量。”

女儿：“那规律呢？”

我：“规律与经验无关，只与事实有关。比如前面说的，强行改变认知意味着自我较量，这就是事实而非观点。”

女儿：“好像看不出区别，这句话不也是经验的产物？”

我：“离开了经验，我们无法认识世界，所以经验很重要。但规律存在与否，并不依托于经验。比如虽然你对此经验不足，甚至不相信，但这不妨碍‘**人类大多数时候都停留在无意识状态，会身不由已地试图用意志控制生活，并因此频繁遭受各种无名之苦**’这一规律的如实存在。”

女儿：“好吧，观点随经验而变，规律则会如实存在。不过，你提到的规律很伤人。”

我：“注意，此刻你表达的就是观点，而观点有时会伤害我们，但规律（或称事实）不会伤人。在生活中，很多人会畏惧事实，想远离事实，但**事实不是我们**

的敌人，它并不可怕，只有当我们拒绝承认事实、不接受事实时，事实才会成为可怕的敌人。”

女儿：“所以我们要努力识别规律，让自己的行动依托于规律而非观点？”

我：“是的，不理解规律，我们就很容易受困于无意识的经验所驱动的无益而有害的努力。比如我们提到的意志努力和行动努力，如果可以清楚地发现意志努力通常有害无益，而行动努力才能带来即刻的改变，我们就会非常小心地留意自己究竟是在做意志努力还是行动努力。在生活中，虽然无意识才是生命的常态，但这种留意，就是即刻有意识的行动，也因此我们有机会迅速识别并远离伤害。这也是为什么**清晰的认识和由此而来的心理灵活性是至关重要的**。”

第五节

我知道前进的方向了：理解规律，才有机会走出无意识的束缚

女儿："你提到一个观点，无意识才是生命的常态。"

我："这并非观点，我已经呈现的一切，都说明这是一个被忽略的事实，无意识一直在影响我们的情绪和行为。"

无意识会干扰我们的行为

阿姆斯特丹大学的范加尔设计了一项实验：让被试盯住屏幕，在屏幕上出现圆环时用最快的速度做出标准反应动作；但如果圆环出现前先出现一个白色方框，他们就要抑制这种反应；如果圆环出现前屏幕上显示的是一个菱形方块，就继续用最快的速度做出标准反应动作。

这是典型的反应和抑制能力实验：标准反应动作是采取某种行动，但又要在特殊信号出现时用意识控制自己，不要做出相应的动作。

我们很容易猜测：当被试意识到白色方框出现时，既定的反应会被抑制，或者至少速度会变慢。实验结果证明了这种猜测。

但范加尔还想搞清楚如果白色方框出现的时间较短，以至于被试的大脑只能"无意识地看见"抑制指令时会发生什么。

结果，这种"意识之外的看见"，不仅成功减慢了被试做出反应的速度，偶尔还会让被试完全停止反应。

女儿："无意识的力量真的超乎想象。"

我："是的，在有意识介入前，无意识就是主宰。因此我们才需要清晰地理解无意识运作的机制，**了解无意识我们才有机会走出无意识对生命的束缚**。这种束缚，不仅对情绪和行为有影响，也渗透到我们对自己的评判中。"

我究竟是什么性格？这其实很难说

诺伯特·施瓦茨等设计了一项实验，让被试评判"自己行事有多果断"。不同的是，在评判前，一组被试要先列出 6 个自己行事果断的例子，而另一组被试则要先列出 12 个自己行事果断的例子。

结果，相比于被要求列出 12 个例子的被试，只列出 6 个例子的被试认为自己行事更果断。在另一项条件相反的实验中，他们发现被要求列出 6 个自己行事不果断的例子的被试，相比列出 12 个自己行事不果断的例子的被试，会认为自己行事更不果断。

女儿："很有意思。任务的数量竟会影响对自己的评判？"

我："人类的信念、行为、态度等都会受到感受的影响。实际上，完成任务时的轻松度、流畅性，会自然改变我们的认知。回忆轻松，我们会认为自己就是这样；回忆艰难，我们则会认为自己是另一种样子。"

女儿："这又是感受改变了认知？你一直说要走出无意识的影响，具体该怎么做呢？"

我："诺伯特·施瓦茨等做了后续的实验。这一次，他们引入了新的变量——背景音乐。然后，他们告诉被试，音乐对他们完成记忆任务有影响。其中一组被试得到的信息是音乐有助于回忆，另一组被试得到的信息是音乐妨碍回忆。结果，被告知音乐妨碍回忆的被试，不论是被要求列出 6 个例子，还是列出 12 个例子，对自己行事果断程度的估测都没什么两样。”

女儿：“就这么简单？”

我：“是的，清晰理解有助于我们走出所有的困惑。在另一项实验中，研究人员分别在晴天和阴雨天给被试打电话，询问他们对生活的满意度。结果，被试在晴天的生活满意度通常会高于阴雨天。但是，如果研究人员一开始先抛出一个问题——‘你所在的地方天气如何？’那么天气对生活满意度的影响就会消失。”

女儿：“为什么会这样？”

我：“判断、选择、决策等认知活动需要耗费大量的资源，而进化的机制决定了大脑运作的基本机制之一就是节能，将复杂问题简单化就是节能的方向之一。因此，当我们对事物缺乏理解时，就会依托于此刻的情绪自动作答，换句话说，**此刻的情绪状态会直接影响我们的判断与选择**。”

女儿：“那为什么呈现情绪状态，它对判断与选择的影响就会消失？”

我：“这就是生命的智慧——渴望自由，厌恶被控制、被干扰。当我们清晰地观察并理解发生的一切时，无名之力的控制力会迅速减弱。”

女儿：“因此你反复说要观察并理解无意识对生命的控制？”

我：“是的，生命运作的常态就是不自知。因为不自知，我们对问题的理解以及处理问题的策略都很容易出错。我给你讲一个看似与生命运作无关，实则高度相关的例子。”

如何解决资源“不足”造成的混乱

圣约翰医院是一家有 866 张病床、32 间手术室，年手术量超过 3 万台的非营利性医院。在 2002 年，该医院遭遇重大挑战：手术室的使用率已达到 100%，但每天依然会有大量急诊手术需要安排，这不仅导致了超长时间的手术室等待，也导致了大量超预期的加班、医护人员的过度疲劳、更多的临床看护错误，以及更多患者的不满。

为解决这些问题，医疗管理顾问在详细了解医院手术室运转状态后，提出了一个引发巨大争议的解决方案：留出一间单独的手术室用于计划外的手术。医生们最初认为这位顾问肯定疯了——在手术室已经不够用的状态下竟然还要再减少一间！

最终，他们同意试行这一方案一个月。结果，一个月内，医院的手术接诊率增加了 5.1%，每天下午 3 点以后进行的手术量下降了 45%，创伤外科医生的收入也增加了 4.6%。在随后的两年时间里，医院的手术接诊率分别上涨了 7% 和 11%。

女儿："看似是资源不足，其实是策略出错？"

我："是的。所有来访者的困境都与此类似——**是行动策略出错，而非自己不好或不够努力。而策略之所以出错，就是因为我们不理解事物的运作规律。**"

高自尊运动究竟带来了什么

几十年前，为改善学生的成绩表现，美国兴起了一场高自尊运动。

福赛思等研究人员给被试呈现了第一次心理测试成绩，他们的分数集中在 D ~ F。之后，研究人员将被试分成了两组：一组被试收到一份鼓励邮件，包含"高自尊的同学不仅能够得到更高的分数，而且能拥有自信……"等信息。在邮件的最后，研究人员告诉他们"高昂起你的头，你的自尊会更高"。而另一组被试收到的信息只是"你要控制好自己的表现"，或者只收到一些评论。

一学期后，被建议"高昂起头"的被试在期末考试中甚至都不及格——用提

升自尊来促进学习的策略遭遇了巨大的失败。

女儿：“策略才是核心？”

我：“策略出错导致失败并不意味着策略就是核心，实际上，策略有无效和有效之分，而无效的策略一直在伤害我们。那么我问你，面对问题，如何才能制定出有效的策略？”

女儿：“先理解问题？”

我：“是的。我们先要能理解问题，搞清问题背后事物运作的机制，然后才能利用机制寻找有效的策略。比如前面说到的，医院手术室不够用的一个核心根源是紧急手术对既定安排的冲击，当留出专用手术室来有效处理紧急手术后，其他手术就有机会被安排得井井有条。再如学生心理测试成绩不好源于学习能力或学习投入不足，而非‘头昂得不够高’，或感受不够好，因此，要求学生控制好自己的表现，就比所谓的‘维护感受、提高自尊’更有效。”

女儿：“天哪，我真的知道前进的方向了，要想助人，执着于寻找所谓有效的方案、策略，很容易就会陷入自以为是的无意识状态，结果反而会因此伤害对方。清晰地理解人性才是我要做的。”

我：“不错。要注意，理解人性，需要敏锐地观察自己的生命实践。在观察中，你会深刻体会到，无意识是生命的助手，所有混乱与冲突也都是无意识行动的结果。要想终结混乱与冲突，只能在那一刻通过清晰的觉察和理解回归有意识的状态。”

本章结语

人人都渴望自由。

我们也认为自己时刻都拥有感受、选择与行动的自由。

但这只是错觉。

在生活中，我们的感受、选择以及行动，时刻受到各种无名之力的影响与牵绊。

不了解这些无名之力，任何时候我们都可能成为它们的奴隶。

所谓的自由，不过是被动的反应。而被动的反应，通常会阻碍我们对生命灯塔的追逐。

没人想成为奴隶，也没人真的想远离生命灯塔。

要想摆脱被奴役的状态，要想实现生命的期待，我们就需要清晰地理解自己身上发生的一切。

理解之后，我们想要的轻松、自由、爱等美好的体验，才有机会不求自来。

数千年来，为了摆脱无名之力的束缚，人类一直在倡导理性与逻辑：要有理智，不要自相矛盾，知道就应该能做到……

但很少有人知道：逻辑与理性，是两个截然不同的概念。

生命富有逻辑，它的运作遵循着内在既定的规则。“天不言而四时行，地不语而百物生。”

生命缺乏理性，因为我们对生命内在的运作逻辑知之甚少，所以会习惯性地用“主观意志”来决定一切——无论我们要决定的事物是否在主观意志可干预的范畴内。

于是，这种意志努力诱发了持续不断的生命冲突。

看不到冲突，无法清晰地理解逻辑并运用逻辑，那我们所渴望的理性将永远可望而不可即。

逻辑与理性，其实就是之前我提到的事实与经验。理性是经验的要求与结果，它受到个人经历甚至全人类认知局限的束缚；而逻辑是客观事实，它不受任何经验的限制，无论我们知不知道、喜不喜欢、承不承认，它都如实存在并发挥着作用。

在本书的第一部分，我们已经清晰地了解生命中两个基本的事实：一是我们对生命的不自知；二是在不自知的状态下，难以被觉察的无名之力一直在左右我们的生活，它既可以让我们如虎添翼，也可以让我们如陷泥潭。

无名之力并非真的无名，它是我们所不理解的生命内在的运作逻辑。在这一部分，我将从感受、行为、认知等不同的角度揭示无名之力及其运作逻辑。

清晰地理解无名之力，我们就有机会即刻终结它的阻碍与伤害，重新成为生命的主人！

第二部分

生命的逻辑，我们从未清晰理解

第三章

感受的逻辑

——感受是生命原动力，它驱动着生命前进

第一节

感知、存在：
失去了鲜活的感知能力，生命将丧失意义

女儿："最近跟王大夫学习，我发现很多患者都有过自杀的念头。"

我："哈耶斯教授这样说过，99% 的人在一生中的某个时刻，都有过自杀的念头；另外 1% 的人，则一定是撒谎了。"

女儿："这是普遍现象吗？"

我："是的。我们通常害怕念头，但念头只是念头，它并不可怕。你有没有留意他的患者何时想自杀？"

女儿："这还用说？当然是在特别痛苦，丧失希望、充满绝望时。"

我："他们平静时，或与你们互动良好时，有没有自杀的念头？"

女儿："那怎么会有？"

我："对比一下刚才的信息，你能留意到自杀念头的来去与什么有关吗？"

女儿："感受好坏？"

我："身体行动与感受密不可分。仔细观察，你会发现自杀念头不仅与感受有关，更与行动状态有关。自杀念头出现时，来访者大都处于行动能力受限而思维高度活跃的状态；相反，当他们的身体开始变得活跃时，自杀的念头通常会变弱甚至消解。"

女儿："你是说行动可以改变体验，进而改变自杀的念头或冲动？"

我："是的。生命的第一需要是感知世界，这是生命有意义的根基所在。失去了这一根基，我们就会陷入无边的痛苦。"

女儿："难道不应该是活着就能感知世界吗？"

我："前面，我们已经清晰呈现了一个事实，活着，并不意味着我们能知道自己身上发生了什么。并不是活着就能感知世界。事实上，当我们的身体受到禁锢时，感知世界的能力就会受限，痛苦也会由此滋生。你听说过感知剥夺实验吗？"

女儿："大概知道，就是把被试放在特定的环境中，剥夺他们的视觉、听觉以及触觉，然后看他们能坚持多久。"

我："是的，实验中被试被特制的眼罩、耳塞、手套限制了视觉、听觉和触觉。你记得这项实验的结果吗？"

女儿："好像很少有被试能坚持超过两三天。"

我："还有呢？"

女儿："别的我不清楚。"

我："贝克思顿等研究人员发现，被剥夺感知能力一两天的被试，会遭遇多种身心困扰。比如他们普遍感到焦虑不安，做事时很容易感觉痛苦，并想要逃离；注意力涣散，不能聚精会神地从事某种活动；思维混乱，不能明晰地思考问题……更严重的是，虽然只是一两天的感知剥夺，但 80% 的被试在实验中或实验后出现了幻觉，如感觉身边有很多线条或圆点在闪现；看到成群结队的老鼠在前进；听到音乐、狗叫声、打字声、滴水声等；感到身体失去了重心，有冰冷的钢板压着前额和面颊，或者有人从身体下面把床垫抽走使自己飘浮在空中……"

女儿："剥夺感知能力会导致生命的混乱？"

我："是的，我们都希望远离痛苦，但我们不知道，正是对疼痛的感知才使我们有能力保护自己。"

感受疼痛是自我保护的有效机制

梅尔扎克等报告了 C 小姐的案例：她就读于麦吉尔大学，非常聪明，除了感受不到疼痛，一切正常。

在实验中，不管是用强电击还是用冷水或热水刺激，她都感受不到疼痛。研究人员惊奇地发现，她的血压、心率、呼吸都不会因为这些刺激而改变。此外，她从来不打喷嚏、不咳嗽，也不会为了保护眼睛而自动眨眼。

因为缺乏疼痛体验的保护，所以她小时候曾经在吃东西时咬掉了自己的舌尖。在成长过程中，因为缺少因痛觉而产生的自动关节保护动作，她的膝盖、臀部和脊柱都表现出了病理性症状。站立时，她很难转移重心；睡觉时，她很难翻身，也无法避免一些有伤害性的姿势。

后来，C 小姐出现了大面积的皮肤和骨骼损伤以及严重的感染，这些伤害让她的生命定格在 29 岁。

女儿："不可思议，感知不到痛苦反而是有害的。"

我："当然，清晰地感知痛苦，一直都在保护而非伤害我们的生命。"

女儿："我有个问题。生活中，很少有人会像感知剥夺实验中的被试一样被剥夺感知能力，那为什么我们还这么痛苦？"

我："你会这样说，是因为你不理解剥夺。外部限制是剥夺，内在禁锢同样是剥夺。在生活中，大多数人遭遇的都是内在禁锢导致的剥夺——在痛苦中努力地麻痹自己或漠视身体体验，就是内在禁锢。其实，感知生命的能力是一体的，当我们抑制对痛苦的感知能力时，也会伤害感知快乐的能力。而能否感知快乐，决定着生命是否有意义。有些来访者会反复说想死或活着没意思，这就源于剥夺对感知快乐的能力的伤害。"

女儿："所以，我可不可以这样理解，既然感知决定存在，那么要帮助来访者走出困境，自然就需要帮助他们重建感知世界的能力？"

我："确实如此，但这非常不容易，需要有效的练习——在困境中，来访者通常会陷入意志努力而行动无能的状态，这就导致练习很难。比如一项对青少年自残行为的调查发现，70% 的自残行为源于找不到自我；80% 源于认为自己很不幸，十分沮丧；63% 源于生自己的气；63% 源于感觉孤独；64% 源于感觉自己很失败……"

女儿："'找不到自我''认为自己很不幸''感觉孤独''感觉自己很失败'等，都意味着此刻这些青少年的思维是活跃而失控的？"

我："是的。活跃而失控的思维，通常会伴随着行动的停滞与感知能力的弱化，这就是内在禁锢，它会在此刻侵蚀生命的意义与价值。你知道为什么很多来访者会说'自残那一刻我才能放松下来'吗？"

女儿："是不是身体的疼痛帮他们从意志努力中解脱了出来？"

我："是的。任何时候，我们只要能感受到生命变化，无论是在外部世界，还是内在世界，就都有机会走出即刻的痛苦。真正理解了这一点，自残者就会发现无须自我伤害就可以重获内心的宁静。"

女儿："所以，助人就是要帮他们更多地理解规律。"

我："是的。生命的规律有很多，在感受层面，人类已经形成对简单、确定、新奇、刺激、自由、愉悦等不同生命体验的渴望。这些渴望，时刻驱动着生命前进，并改变着生命的走向。"

第二节

简单、流畅：生命会自动追逐简单、轻松的体验

女儿想买一把吉他。

在店长热情的推荐下，她选中了一个品牌。

该品牌的产品有两种款式：圆润的传统造型和据说更符合人体工程学原理、带倒角边缘的现代造型。女儿分别拿起来试了试，然后说道："买这个传统造型的。"

我："音色、用法有区别吗？"

女儿："没什么区别，只是这款看起来更舒服。"

女儿的选择，无意中展示了一个重要的心理现象：我们喜欢对称性。

对称，意味着魅力

跨文化研究发现，面对"什么样的面孔更能吸引人"这一问题，不同地域、种族与文化背景的人的答案具有高度一致性。

比如对于面部吸引力，一个重要的影响因素就是对称性：对称的面孔比不对称的面孔更有吸引力。进化心理学家认为，对称的面孔特征意味着更好的基因、更高的生理和心理健康水平。

实际上，人类对对称性的偏爱，并不限于面孔。乌杜伊（Uduehi）等人研究发现，人类喜欢一切对称的事物，不管人、物品还是风景。

女儿："对称的东西确实看起来很舒服。"

我："是的。在对称之外，相比棱角分明的物体，我们更喜欢边缘平滑弯曲的物体。你看，这两款吉他正好体现了上述两种典型的区别。你选择的吉他边缘平滑弯曲、左右对称；另一把吉他左右不对称，而且一边圆滑，另一边却有着尖角轮廓。"

女儿："确实，相比有尖角的，我更喜欢圆润的东西。咱家的柴犬，冬天毛软软的时候摸起来很舒服；但夏天换上硬毛后，我就只喜欢摸它依然毛茸茸的脑袋。"

我："这就是对顺滑体验的偏爱。不过，在大脑究竟是喜欢对称性还是另有所好这件事上，有些研究人员提出了不同的观点，比如雷伯等研究人员就认为，大脑并不是偏好对称性本身，而是因为对称的事物所包含的信息更少、更容易加工。"

女儿："你说过大脑喜欢偷懒，会化繁为简。"

我："是的，大脑进化的方向是适应生存，低能耗的快速反应模式是大脑发展的方向。这一点，在学习中表现得非常明显。**学习的过程，其实就是我们将有意识、缓慢、高能耗的大脑运作模式转变为无意识、快捷、低能耗的大脑运作模式的过程。**"

学习的本质：用有意识的行动，构建无意识的反应能力

在大脑活动层面，技能学习涉及感觉联合皮层和运动联合皮层的协作。这种协作有两条不同的通路：一条是直接的经皮层连接（由大脑皮层的一个区域连接到另一个区域）的通路，它需要一系列有意识的思考指令，这种有意识会减慢我们的行动速度；与有意识通路对应的，是通过基底神经节与丘脑构建连接的通路，

它表现为习惯，能让我们不假思索地完成任何复杂的任务。

比如第一次接触计算机输入时，我们需要仔细在键盘上寻找每一个需要的字母，手指的敲击动作也很笨拙；但随着熟练程度的提高，手指的敲击速度会越来越快；到最后，我们可以一边聊天，一边毫不费力地快速输入。

这就是经皮层连接和经基底神经节与丘脑连接的通路控制的行动的差别：前者控制的行动缓慢、笨拙，很容易让人疲劳；后者控制的行动简单、轻松，甚至不耗心神。

学习的过程，就是我们的大脑从经皮层有意识的连接模式（学习前期），转向经基底神经节与丘脑无意识、自动化的连接模式的过程（熟练掌握）。

卡尔森教授对此做了形象的描述："当我们学习时，基底神经节和丘脑接受了呈现的刺激和我们所做出的反应的各种信息。最初，基底神经节和丘脑只是被动的'观察者'；然而随着学习的持续，它逐渐掌握了要做的事情并开始接管这一过程的大部分细节；最终，我们几乎能不假思索地做出正确的行动。"

女儿："有意识行动的目的竟然是构建新的无意识，这就让我放心多了。要不然虽然我知道无意识很有用，但还是忍不住要把它当敌人，想要摆脱它。"

我："一知半解就是这样，总让我们试着对抗规律，这只会导致自我伤害。在生活中，你能发现大脑对简单的偏好吗？"

女儿："我有过一种体验，如果做一件事很顺利、不费脑，我会很开心。"

我："这就是流畅的体验，它会让我们感觉很好。契克森米哈赖指出，在绝对的紧张焦虑与兴趣全无的无聊冷漠之间，人们可以体验到全神贯注的流畅感，并失去对自己和时间的意识。他说这是一种最佳状态。而研究也发现，人们报告的最快乐的体验通常出现于全身心投入某种活动时。"

女儿："对简单、流畅体验的偏好，会不会影响社交？我有一种体会，我更喜欢跟有话能直说的人交朋友。”

我：“不错，你已经能举一反三了。我们对简单、流畅体验的追逐，贯穿自动化生活的每一刻，体现在社交中，就是讨厌让生活变得麻烦的伪装，而喜欢能带来轻松体验的真诚与自然。一位来访者这样描述自己的体验，‘我放松不下来。在学校，我每天都需要在不同人面前扮演最好的我，这让我很累，我不喜欢社交，多一个朋友就意味着多一个需要扮演的角色。回到家，为了让父母满意，我还要继续表演。然后突然有一天我就崩溃了，再也无力表演，无力上学了’。”

女儿：“确实，自我伪装非常累。”

我：“伪装不仅会让自己累，也会让对方累。”

为什么孩子总说我不真诚

在一项实验中，李等研究人员向 26 名被试短暂呈现了恐惧、厌恶或中性的面部表情图像，时间控制在几毫秒，以确保被试无法说出自己看到了什么。

之后，研究人员将图像替换为表情中性的面孔，并要求被试判断这些面孔是否真诚。

结果显示，那些看到过恐惧或厌恶表情的被试，更容易认为表情中性的面孔不真诚。

女儿：“你是说伪装不会成功？”

我：“当然，情绪是无意识的产物，而伪装是有意识的产物，伪装总会发生于真实情绪展露之后。在人际互动中，我们总以为能有效地控制情绪，让对方无法察觉我们的情绪，可这只是一种错觉。”

女儿：“因此你才反复告诉来访者不仅要对自己真诚，也要对他人真诚？”

我："是的。很多人认为伪装自己可以减少冲突，维护关系，但研究表明，真诚而非伪装才能促进关系的发展。"

自我表露会让彼此更轻松

人本主义心理学家西尼·朱拉德认为，真诚的自我表露可以增进互动双方的信任，让彼此更愉快。

研究发现，人们在表露关于自己的重要信息后会感觉更好，而隐藏自己的身份会令自己感觉很差；那些经常敞开自己心扉的夫妇或情侣，会报告更高的对对方的满意度且更容易保持长久的感情。

马赛厄斯·梅尔等发现，如果日常谈话涉及更深入或更实际的讨论而非只是闲聊，往往会让双方更加开心。

女儿："真诚表达就是简单，表达被倾听就是流畅。"

我："是的。**真诚、表达、被倾听，是关系深化的基础**。不过，这里要留意，真诚如果意味着要增加对方的麻烦，反而会破坏彼此的互动体验。"

来访者案例：我的新班主任不靠谱

于老师，我昨天中午去学校拿新书，特别崩溃。

我不知道自己的座位是哪个，可班上一个人都没有。正好新班主任来了，我就告诉他我在找座位，想把新书拿回家。

结果班主任说他不知道书在哪里，要找同学帮我问。说到座位，他又说目前没有给我安排，因为我没来学校，要来了之后才排座位。

我告诉班主任分班前我一直都有固定座位，虽然不来，但同桌会帮我收着书和卷子，然后我会把它们拿回家去。

于是班主任让我搬张桌子坐在最后面。我说不想坐最后，他就说把我的座位安排在中间，我不来的时候别的同学就先坐着，我来了再让那个同学坐最后。

然后他还劝我来学校，说在学校学习有多么好……我觉得跟他沟通特别累，我脑子里不停地说："我怎么这么倒霉，遇到这种老师，之前的班主任还在就好了……"当我跟朋友说起这件事时，朋友也说这个班主任不靠谱。

女儿："听起来老师一直在积极地回应她、帮她解决问题啊。为什么她会很累，觉得老师不靠谱？"

我："**体验的好坏通常与事实无关，而与我们感知到了什么有关**。你觉得这个孩子与老师的互动顺畅吗？"

女儿："虽然有点儿磕绊，但是整体还行。"

我："不错，你看到了磕绊。其实，他们互动的每一个话题，都对这个孩子构成了挑战。书在哪里——不知道，要找同学问；座位在哪里——没有座位，要来了才安排；想有固定座位——坐最后一排；不喜欢最后一排——来了就坐中间，但平常给别的同学坐……老师每一次真诚的回答都增加了她的麻烦。这种额外增加的麻烦，违背了人类大脑对简单、流畅的互动体验的追求，于是，她会觉得很累，会觉得对方有问题，进而可能会不喜欢甚至讨厌对方。"

女儿："可人际互动不就是要自我表露，帮对方发现并解决问题吗？"

我："看似正确的结论，在不同的背景下可能会完全错误。在困境中，我们会受到另一个心理运作机制的干扰——透明人效应，即觉得自己是透明人，别人都应该知道我在想什么或者需要什么，然后据此与我互动。"

女儿："确实，有时我之所以会对朋友生气，就是因为我感觉她们应该能理解我，实际上却不理解。”

我：“这就是我们要清晰理解生命运作的规律的原因，不流畅的体验随处可见，如学习、工作遇阻，既定的计划被打乱，表达的信息对方无法理解……这些不流畅的体验如果没被看到，它们就将迅速改变并控制我们的体验和行动——让我们心烦意乱，让我们远离学习和工作、放弃计划、停止与对方的互动……这就是受困于无名之力时我们会无意识做出的行动，即背离生命渴望，制造新的伤害。”

第三节

熟悉、确定：
我们想要确定性，厌恶意想不到的麻烦

女儿："我记得你说过，人会偏爱与自己有关或相似的一切。"

我："是的，这就是熟悉滋生喜欢。前面我们已经看到，人会偏爱熟悉的镜像照片，偏爱跟自己的名字、长相、行为有关的事物。除此之外，人也会偏爱自然的景观与声音。"

人偏爱自然的刺激

卡尔顿大学的尼斯贝特招募了一批大学生，然后将他们随机分为两组，要求一组每天在校园附近的树林中自由漫步 17 分钟，另一组则每天在校园里的人行道上散步相近时长。结果，在树林中漫步的大学生会感觉更快乐。

与之类似，德科恩塞尔等人研究发现，在各种声音中，人更喜欢自然界中广泛存在的属于 1/f 谱的旋律，如流水声、雨声、风声等。布拉德等研究发现，我们的听觉、视觉系统都存在这种对自然风景和声音的先天偏好——身体会在我们听到喜欢的音乐时产生一种自然的过瘾感觉，就像在吃含脂肪、糖分的食物一样！

女儿："确实，除了虫子，我也喜欢自然界的一切。"

我："这种喜欢，会直接影响我们的健康状态。研究发现，林间漫步有助于降低应激激素水平和血压。"

女儿："这个我有体会。在熟悉的地方，或者跟熟人互动时，我会很轻松；但陌生的地方、陌生人，会让我紧张。"

我："熟悉的背后，就是确定性的力量。确定即将发生什么，有助于我们安心；不确定即将面对什么，我们就会感到不安。"

女儿："我突然有个疑问。生活中，我们喜欢新奇、刺激而厌恶重复，这与对熟悉感、确定性的偏爱是否矛盾？"

我："生命内在的运作机制很复杂，不是简单的非此即彼。还记得为什么我们喜欢熟悉感吗？"

女儿："因为它会带来确定性、愉悦感，让我们感到美好。"

我："是的，我们之所以喜欢熟悉感，是因为它能引发具有确定性的美好感受。可熟悉感与美好感受的关联不具有必然性，一旦熟悉的东西与无聊、乏味、痛苦等不好的感受挂钩，那么熟悉感反而会带来伤害。我问你，如果老师每天让你抄写一个单词100遍，你是喜欢还是厌烦？"

女儿："那当然是厌烦了。"

我："你看，这一刻熟悉就与无聊、乏味联系在了一起，它违背了我们渴望感知世界这一基本的生命需要。"

女儿："新奇的背后是感知世界引发的美好感受？"

我："是的。感受好坏，才是决定我们喜欢熟悉刺激还是喜欢新奇刺激的核心。我给你分享一个来访者的案例。"

来访者案例：我害怕见到老公

我和老公在一起已经10多年了，感情一直很好，至少我是这么认为的。每天晚上下班回家，如果他不在家又没联系我，我就会特别不安，就想马上知道他在哪里。我一直像是初恋的姑娘那样依赖着他。每天只要他陪在我身边，我就特别安心、满足。

当第一次得知他出轨的消息后，我整个人都崩溃了。后来，他跟我道歉，告诉我跟对方已经断绝了关系。但是，我再看着他时会有一种陌生的感觉，我仿佛不再认识眼前的这个人了，我不知道他会做什么。当他赌咒发誓说爱我时，我会怀疑他是不是又在骗我。现在，我已经有点儿害怕见到他了……

女儿："我最讨厌出轨的人。"

我："很高兴你能爱憎分明。不过，我们先留意发生了什么。这个来访者的体验，从熟悉带来的安全感，转变为同样的熟悉诱发的陌生和不安的感觉。是什么导致了这种变化？"

女儿："与她老公相关的体验变化了。"

我："是的。**熟悉与安全、满足等美好体验相伴时，我们会喜欢；与怀疑、伤害等糟糕体验相伴时，我们会厌恶**。这就是为什么我们既可以喜新厌旧，又可以喜旧厌新。对新旧的喜欢与厌恶，从来都是表象，它们背后被唤醒、被关联的感受才是决定性的力量。"

女儿："我终于知道有的人为什么对一个人的态度前后会相差巨大了，因为与这个人有关的体验发生了变化。"

我："是的。很多面临人际冲突的来访者会问我'如何才能重建良好的关系'，答案就在这里，增加与对方的互动并创造全新的愉悦体验。"

第四节

自由、能力：一切生命的转变，都源自想要改变的心

女儿："创造全新的愉悦体验？有时这会很难。"

我："这让你有些无力？"

女儿："是的，有点儿力不从心。"

我："你看，此刻能力不足、无法掌控生活的体验在伤害你。菲舍尔在综合了638项涉及63个国家和地区、超过42万名参与者的研究后发现，自主掌控生活的感觉会持续影响幸福感，其作用甚至超过了财富。"

女儿："确实，我也希望有能力摆脱一切控制，能自己掌控生活，否则总有太多的麻烦和未知。"

我："渴望简单而讨厌麻烦，这个我们探讨过。你提到讨厌未知，我先问你一个问题，你能确切知道下一刻会发生什么吗？"

女儿："当然不能。"

我："你看，未知才是生命的常态。我们的生命体验之所以丰富多彩，是因为它充满未知。"

女儿："对此我持保留意见，我认为未知才是紧张、不安等情绪的根源。"

我："这是普遍存在的误解。实际上，不安情绪大多源于已知而非未知。面对未知，我们调用经验，去预测未来可能发生什么并因此而不安，这就是已知在伤害我们；相反，当真的一无所知、没有任何经验可以调用时，我们会瞪大眼睛、竖起耳朵去感知面前的未知，于是我们会体验到轻松与兴奋。"

女儿：“如果你是对的，那几千年来人类通过提升能力、积累财富、获取权力等未雨绸缪的方式来处理不安情绪，就都是错的？”

我：“当然，翻看历史或对照现实，很容易发现这些努力无法带我们远离不安情绪。不过，对能力、财富、权力等要素的身不由己的追逐，恰恰体现了感受运作的基本逻辑之一，我们渴望能力带来的‘我能行’体验。”

相信“我能行”是一种重要的能力

研究人员通过评估学生在数学学习中的信念，将他们分为“我能行”和“我不行”两组；然后安排一次数学测试，再按成绩将他们的数学能力分为高、中、低三等。所有学生都有机会重做一次第一次数学测试中做错的题目，再参加第二次数学测试。

结果发现，数学能力高的学生，在第二次测试中表现更好；与此相对应，相信“我能行”的学生，无论数学能力高低，在第二次测试中也表现得更好。由此可见，“我能行”的信念可以提升学习动力与绩效。

女儿：“确实，当我不相信自己时，通常什么都做不了，什么也不想做。”

我：“不错，你能自己发现‘我不行’信念的影响。人际互动的一个禁区，就是唤醒对方‘我不行’的体验。”

女儿：“谁会这么傻？”

我：“对‘我能行’信念缺乏透彻的理解，或者无法清晰看到自己的语言和行为，都会导致我们身不由己地唤醒对方‘我不行’的体验。此时，我们自以为的支持，就会变成新一轮的伤害。”

来访者案例：于老师，听从你的建议，我失败了

于老师，你说要带孩子面对她的生活，昨天我尝试了一下。

母亲："闺女，咱们来聊聊你的未来吧。"

女儿（警惕地看着我）："聊什么？我不想聊。你从我屋出去。"

母亲（这次我没有顺从她）："你不能总这么逃避。你总得做个选择吧？你到底是想上学还是不想上学？如果想上，那就把游戏机收起来，最近就重新开始看书；如果不想上，我就跟老师说给你办休学，然后你去学个手艺或者去打工。（女儿越来越烦，但是我没理她）你总不能一直这样玩下去吧？"

女儿："烦死了，你能不能不说这些？你想逼死我吗？出去，让我自己待会儿。"

…………

于老师，我听了你的建议，但是惨败了，我该怎么办？

女儿："你怎么出这种馊主意？"

我："与不安中的孩子聊未来，确实是馊主意。不过，这个家长做的和我说的正好相反。在'自以为知道实则一无所知'的无意识状态下，她漠视了孩子无力面对挑战的事实，将孩子推入'我不行''我不好'等更强烈的无力感中。"

女儿："她越努力，孩子就越受伤。"

我："当然，我们很难面对'我不行'的体验。"

女儿："我记得你告诉过我，痛苦与渴望有关。讨厌'我不行'是否也意味着她渴望'我能行'？"

我："是的，我们都渴望自己能变得更好，但渴望不意味着真的能做到。因为**一切生命的转变，都源自想要改变的心和因此采取的有效的行动**。"

第五节

互动、认可：我们的幸福感依赖于社会联结

来访者案例：明明我自己想做，但为什么我不愿意做

我带了一块蛋糕回家。这是别人送我的，我当时没舍得吃，想和妹妹一起分享。

看我拿出蛋糕，姥姥赶紧嘱咐："不要自己吃啊，别忘了分给妹妹。"

瞬间我心里就堵得慌，然后特别生气。

于是，我一句话也不说，一个人把蛋糕全吃完了。

女儿："这是逆反吗？她明明想和妹妹分享，却因为姥姥的话而失控。"

我："'逆反'这个词具有冒犯性，它把亲子关系定义为主从关系——孩子就应该听父母的。亲子关系也是关系，而健康关系的核心是平等。试试换个说法。"

女儿："她觉得自己不被姥姥认可，很愤怒，于是行为失控了？"

我："是的，社会属性是人类的核心属性之一。在困境中，很多来访者会因为受伤而回避关系，但不管在意识层面如何自我麻醉，比如'我不在乎别人怎么看我''我不需要同伴，我自己一个人会过得更好'，我们都会希望自己的行为符合社会期待，也都会因此受困于人际认可。实际上，**我们的幸福感、痛苦感，不仅依赖于自由、能力等体验，更依赖于社会联结体验。**"

拒绝会诱发疼痛并影响能力与表现，而爱则会缓解疼痛

德瓦尔等的研究发现，社会排斥与社会拒绝会导致身体疼痛，这种疼痛可以用镇痛药来处理。雷金杰斯（Reijntjes）及其同事则发现，被诱发排斥、拒绝体验的被试，在接下来的能力倾向测试中会表现不佳，出现更多的自我挫败行为，如行为失控，不喝那些有益身心健康却口味欠佳的饮品，过量食用不益于健康却美味的食品。不仅如此，他们还更容易对那些曾经得罪自己的人进行贬损或抱怨。

与此相对应，扬格等发现，在看到自己所爱之人的照片时，沉浸在爱中的被试所感觉到的疼痛会显著减弱。

女儿："是的，痛苦很真实。我难受时，最讨厌别人跟我说'别担心，没什么大不了的，很快就会过去的'之类的话。"

我："确实，那些话意味着对你此刻体验的漠视。我们之所以强烈厌恶被否定、被拒绝、被排斥，就是因为我们对人际认可的渴望，尤其是身边人的认可。当**被关系亲近的人否定时，我们会用语言或行为猛烈地抨击对方**。"

女儿："因此，那一刻独自吃完蛋糕的行动，就是在反抗？"

我："是的，这种隐形冲突在亲人间很常见。当不理解发生了什么时，姥姥会觉得外孙女太不懂事，自己要更多地提醒她、教育她。这会带来更多的质疑与否定，亲密关系间的冲突也将愈演愈烈。"

女儿："当事人看不到这种恶性循环吗？"

我：**"大多数人都生活在自己的经验中，所以会对事实视而不见**。这种囿于经验的视而不见，就是我说的'自以为知道实则一无所知'，也就是无知。在无知状态下，我们不仅不会发现自己的错误，反而会满怀委屈——'我一心一意支持对方，为什么他的行为越来越失控？为什么他对我越来越疏远？我到底要怎样做才能帮到他？'"

女儿："无知太可怕了。"

我："是的。正是因为这种无知，在遭遇社交否定或拒绝后，我们才会不自觉地远离否定自己的人，而靠近有可能认可自己的人。无知表现在亲子互动中，就是很多孩子开始依赖网络社交、陌生人社交；在他们的感受中，那些陌生人远比身边的亲人更值得信赖。"

困境中，我们更渴望支持，并因此喜欢有可能支持我们的人

哈特菲尔德在斯坦福大学招募了一批女生，她想弄清楚人们在**四面楚歌时是否会更渴望别人的支持**。

实验开始前，她安排了一位有魅力的男助手分别跟等待参与实验的女生热情互动，最终每位女生都答应了助手的约会请求。

在随后的实验中，她会为每位女生做人格分析，并当面将她们归类为令人非常愉悦的人，或者让人感到不快的人。于是，她肯定了一部分人而否定了另一部分人。然后，她要求每位女生评价几个人，包括前面请求跟她约会的那位男助手。

结果，她发现自尊心刚刚遭受暂时打击并极为渴望获得社会认可的女生，对这位男助手的喜欢程度更高。

对社会认可的追逐，导致我们会喜欢那些认可我们的人。

女儿："在一个地方失去的，我们会从另一个地方弥补。"

我："是的。在支持孩子时，很多家长会将孩子情绪状态较佳作为靠近他并改善亲子关系的标准，这是有问题的。一旦真正理解了生命对人际支持的渴望，就会知道支持孩子、改善亲子关系的最好时机，就是孩子最艰难、感受最糟糕的时候。"

女儿："不过，有些人天天在一起，关系依然不亲近。"

我：“当然，虚假的关系无法带来真正的亲近。前面我们说过真诚的价值，要彼此靠近，需要的是心理距离而非物理距离上的接近。”

如何快速成为最亲密的朋友

阿伦夫妇让互不相识的被试两两一组，共处 45 分钟。

第一组被试被安排讨论一般问题，如“你的高中是什么样子的”“你最喜欢哪个节目”。

第二组被试虽然前 15 分钟与第一组被试一样被安排讨论一般问题，但后面会开始探讨一些跟自己深度相关、能引发更多自我表露的问题，如“完成这个句子：‘我希望有一个人能和我一起分享……’”，或者“你最后一次在别人面前哭泣是什么时候？最后一次自己一个人哭泣呢”。

结果，相比于第一组被试，经历了自我表露逐渐升级的第二组被试，明显感觉彼此关系更亲密。事实上，有 30% 的被试会认为交谈伙伴比生活中最亲密的朋友还要亲密。

女儿：“确实，只有最好的朋友才能与我谈这些私密的事情。”

我：“要注意，这个问题是双向的，一方面最好的朋友才能与我们谈论私密的事情，而另一方面谈论私密的事情也可以让彼此的关系变得更好。很多人不理解这种双向作用，总会说‘我想靠近对方但对方会本能地拒绝，我不知道该怎么办’。**理解了人对深入互动的喜欢后，方法其实很简单，去倾听对方的声音**。这种倾听会为对方带来愉悦的感受，然后对方会因此想要变得更愉悦，并因此更多、更深入地探讨并释放自己……这样就会构成一个新的、让彼此关系更亲密的良性循环。”

第六节

处理感受，需要兼顾身体处理和思维处理

我：“你有没有注意到一个事实，当我们谈论感受时，总会使用‘我喜欢 / 我不喜欢’这一表达？”

女儿：“感受不就是个人的体验吗？这有什么好讨论的？”

我：“你的表述，正好体现了世人对感受最大的误解。其实，感受包含了两个不同的部分，一是客观的体验，二是主观的解读。”

女儿：“它们有点儿类似于‘情绪’和‘感受’？”

我：“是的。要透彻理解感受的逻辑，还必须清晰理解这两者的区别。你还记得我是如何定义‘情绪’的吗？”

女儿：“是不是生理层面的变化？内在的变化是神经递质或其他化学物质的变化，外在是内脏、肌肉、皮肤、身体姿势等方面的变化？”

我：“是的。情绪是客观的身体现实，这种现实背后有自己的逻辑，不受意志控制。如果我们不理解这一点，总是试图挑战逻辑，比如让自己不紧张、不愤怒，那一定会反复受挫。与情绪体验的客观属性不同，感受是情绪体验加主观解读的结果，因此，改变解读过程通常有机会改变即刻的感受。”

女儿：“这我有体会。比如有时候我特别生气，但转念一想，又会觉得没什么可生气的。”

我：“这就是为什么认知行为疗法会成为心理实践中最成功的疗法之一——它在带我们有效处理感受中与思维解读有关的那一部分。”

女儿：“当我真的难受时，我不会愿意改变念头的。如果此时有人想让我改变

念头，我会变得很烦、很愤怒。”

我：“你提到的，就是认知行为疗法的不足，在糟糕的体验中，强行改变念头不仅很难，还会让我们的体验更糟。”

来访者案例：思维刹车帮不到我

于老师，当我开始反复留意脑子里的思维故事并打断它们时，我感觉情绪稳定了。

但这并没有什么用，因为我整个人还是处于很懒惰的状态：懒得去发邮件完成你留给我的练习，懒得看书、写作业，甚至懒得吃饭……

我知道自己这种状态很不好，离我渴望的东西越来越远，但我又很无力，特别是我的作业一直欠着，但补课时间是固定的，到了要补课的那一天，如果我的作业还没做完，我整个人就会越来越焦虑。我告诉自己这时候最好的行动是开始写作业，但我就是不愿意开始做……

我不知道自己怎么了，我用了你教我的思维刹车练习，但还是无法开始学习。我也不愿意和妈妈说，一是我不知道该怎么说，二是说了她也不明白我。想到这些我就又非常无力……

女儿：“为什么思维刹车帮不到她？”

我：“你看，这就是我们提到的感受的两个部分，思维解读部分和身体体验部分。虽然这个来访者貌似处理了思维方面的苦恼，但她并没有完整处理，因为想得多、不愿意做，感到无力、沮丧等，都意味着她陷入了意志努力而不自知的状态。那对于身体体验，她有没有做处理？”

女儿：“我没看到这方面的信息。”

我：“这就意味着她没有处理。很多时候，我们的行动会受困于身体体验，所以单纯的处理思维的过程很容易转瞬即逝，这就是新的自我压迫，它会加剧困境而无法带我们真的开始行动。要处理这一问题，我们需要优先关注并处理身体体验。”

女儿：“身体体验转变后再处理思维、开始行动，就不再是自我压迫了？”

我：“是的。所谓压迫，指的是此刻不愉快的身体体验构成了行动的阻碍，但是我只想尽快克服它或者战胜它，于是我会用漠视、改变等控制方式与之战斗。所谓没有压迫，指的是此刻身体体验回归了平静，思维不再需要与之较量，我想做什么都可以很自然、轻松地去做。”

女儿：“具体要怎么做？”

我：“其实很简单，这一刻，给自己几分钟时间去留意身体变化的细节，比如肌肉的变化，心跳、呼吸等活动的细节。当然，这种留意如果能配合身体展开，效果会更好。当身体体验不再难受时，我们再来处理‘我应该’‘我必须’‘我不能’等思维阻碍，就有机会自然开始新的行动。当这个来访者每次拿出一两分钟来处理身体体验，然后再做思维刹车时，她的学习能力就开始增强了。”

女儿：“我知道了，因为感受涉及体验和解读两个过程，所以对感受的处理也要关注这两个不同的过程。”

体验决定着存在。

缺少对内外世界即刻变化的体验能力，生命将丧失存在的价值。

这是生命的逻辑。

但作为有独立意志的人，我们行动的准则，是遵循“我想”“我要”“我必须”“我不能”等意志的指引。

在意志的驱动下，我们身不由己地走向与体验的较量：想要更多的“好感受”，而自动拒绝所谓的“差感受”，这就是生命的又一运作逻辑——“感受好”。

理解了这一逻辑，我们就有机会清晰理解生命无意识的走向：在个人活动中，追逐简单、轻松，追逐熟悉、确定，追逐自由、独立、创造，追逐“我能行”“我可以”；在人际互动中，追逐被尊重、被倾听、被信任，以及彼此的坦诚。

这种无意识的追逐，多数时候可以让我们生活得更好；但在一些特殊状态下，它也会带来无意识的伤害。比如对“差感受”的控制，也会让我们体验“好感受”的能力减弱。这就是感知能力受损，它会让生命坠入无边的黑暗。

如果清晰地观察事实，我们会发现：将感受视为敌人并与之较量，不仅是徒劳的，更是有害而无益的，这是一切心理困境与现实困境的根源。

遗憾的是，我们很难走出这种较量，不自知是生命运作的常态。只有越过了不自知，我们才能真正展现“自知”这一生命运作的第二特征。

但这很难。

在多数时候，我们既看不到正在发生的事实，也无法理解其背后的逻辑。

于是，我们只能辗转沉浮于生命的苦难中而无法自拔！

第四章

行为的逻辑

——自动化反应优先，有意识行动居后

第一节

行为第一准则：远离即刻的苦

晚上10点，女儿走出房门："真要考死我了！周五晚上好好的娱乐时光竟被安排了4小时的模拟考试，没法儿活了！"

我倾听着女儿激动的表达，与她一起感受着学业紧张带来的疲劳与无奈。

稍后，看她沉默地瘫在沙发上，我问："这么累，要不明天去吃牛排？"

"哦，好啊！那我没事儿了。"女儿瞬间容光焕发，身心轻快地离开了。

女儿身上发生的事情，可见于任何一个人：为了远离痛苦，我们会身不由己地努力，或大声抱怨、愤怒声讨，或无节制地进食、看视频、玩游戏……

翌日，女儿情绪平复，我尝试带女儿理解自己身上发生了什么。

我："你昨晚的行为体现了人类行为第一准则，远离即刻的苦！它主宰着无意识状态下的生命走向。"

女儿："这我知道，没人想让自己痛苦。"

我："不错，你'知道'。那这种'知道'和'不想'，当时帮你减轻了痛苦吗？"

女儿："怎么可能？"

我："你看，事实表明，你当时的'知道'只是'自以为知道实则一知半解甚至一无所知'。实际上，很少有人能理解痛苦。"

女儿："我相信很多人会嘲笑你，'真可笑，我这么苦，怎么会不理解苦'。"

我："确实，尽管对心理世界的运作规律一无所知，但很少有人能接受这一事实。你做过我群体练习的小助手，有没有注意到一个现象，家长特别渴望支持孩子，但在与孩子的互动中总会不经意地伤害孩子？”

来访者案例：孩子为什么会大怒

晚上 12 点多，我正准备睡觉，孩子进屋赶走爸爸，躺在我身边（她最近习惯了让我陪着睡）。

我的念头瞬间失控：明明承诺了要早起洗澡，10 点看牙，结果这么晚还没睡，之前爽约两次，这次千万不能再取消预约了……

于是，我忍不住提醒安静躺着的孩子：“明早 8 点半起床啊！”

孩子：“你让我焦虑了。为什么那么早？ 9 点不行吗？”

我：“不行，洗澡需要时间，赶路也要半小时。”

孩子抗议：“那我不去了！”

我一听就急了：“你是不是不愿意出门？咱们都说好了的！”

孩子大怒：“你怎么又这样说？我生气了！”

女儿：“孩子想睡觉，妈妈却在干扰孩子。”

我：“是的，你看到了此刻的事实，妈妈在诱发孩子的苦恼，让孩子无法入睡。这就是无意识的伤害，但妈妈内心有伤害孩子的想法吗？”

女儿：“我觉得她很焦虑，想帮孩子规划好生活，结果却适得其反。”

我：“是的，想到明天的计划，妈妈开始焦虑，但她对这种焦虑一无所知，她忍不住提醒孩子。这就是生命中最常见的事实之一，我们嘴上说着支持对方，实际上只想改变对方从而让自己舒服。”

女儿：“父母的表现有时似乎很虚伪。”

我：“其实这不是虚伪，只是不理解苦导致的无意识的盲动。在无意识状态下，父母会无事生非，向孩子索取对自己的支持而非去支持孩子。”

女儿：“‘你是不是不愿意出门？’这句话也是无事生非吧？”

我：“是的。这句话无意中表达了一种质疑，这会伤害孩子对‘我能行’体验的渴望。你看，这就是生命事实，父母‘知道’自己应该支持孩子，也想支持，但受内在痛苦的驱使，会身不由己地试图远离自己的痛苦，结果离苦的行动反而造成了对孩子的伤害。最可怕的是，很多人会将伤害理解为支持，会更努力地去行动。”

女儿：“确实可怕。有时老师也是这样，明明想让我们更努力地学习，却会生气地说‘你们别以为自己很好，其实比隔壁班差远了’或者‘你们是我带过的最差的一届学生’……”

我：“这就是有些人行为的第一准则，即刻远离自己的苦，而非第一时间帮他人远离他们的苦。”

女儿：“因此才会有各种亲子冲突或人际冲突？”

我：“是的。当我们无法清晰理解苦的运作机制，无法清晰观察到苦的出现及由此产生的影响时，离苦的本能会导致盲动，也因此会伤害自己、伤害他人。即便是专业的心理服务人员，也无法摆脱这一模式的影响。”

我在做的，一定是有意义的

专业人士讨厌“无知”而希望自己比别人知道得更多。在心理学领域，为了展现这一点，很多心理学家会依赖罗夏墨迹测验或画人测验。

在一项实验中，利林菲尔德等人尝试让一位临床心理学家主持并解释这两种测验，然后让另一位临床心理学家评定同一被试的特质和症状。他们要求许多专业人士重复这一过程，结果发现，虽然有些预测结果具有一致性，但在罗夏墨迹测验和画人测验中，不同专业人士所报告的症状之间的相关性，远弱于这些测验使用者的假设。

这种技术手段的低可用性和专业人士的偏爱现象，可以用查普曼等人的开创性研究来解释。他们邀请大学生和专业的临床心理学家一起研究测验成绩和诊断结果。如果大学生或临床心理学家期待得到一种特殊的练习，那么他们通常能获得一种相关的结论，不管测验数据是否支持这种结论。例如，有些临床心理学家认为，多疑的人会在画人测验中画出奇异的眼睛，那么他们就会发现这种联系，尽管在呈现给他们的例子中，不多疑的人比多疑的人画出了更多奇异的眼睛。

女儿：“既然专业人士也会漠视事实，那普通人就无须为此自责了。”

我：“当然，只有清晰理解了逻辑，离苦的行动才有可能帮到我们。否则，离苦就只是在强化苦。”

来访者案例

昨晚女儿对我敞开心扉，表示最近很相信我，觉得我是个好爸爸，但是对妈妈不放心，感觉妈妈不愿意花时间陪她。我告诉女儿：“这可能是你感觉有误，其实妈妈很愿意陪你，但现在妈妈已经睡了，我明天早上再告诉她你的感受。”

次日早上，我和爱人一说，她就特别生气地反驳我。

我心想：我只是转述孩子观察到的，她为什么不承认呢？我马上就想驳她。突然间，我注意到一件事：我还没有倾听爱人的心声，她现在是什么感觉？会不会很难受，或者很委屈？于是我静静地听她说完，之后再说出我的看法和感觉。

交流完毕，爱人虽然还是不高兴，但是比以往已经好多了——之前我们的交流经常是指责、辩解、争吵。

我："你能在这段记录中看到离苦需要是如何影响这一家三口的吗？"

女儿："女儿感觉到爸爸的变化，然后希望妈妈也能变一变？"

我："是的，这是女儿远离痛苦的努力——这种努力是必要的，因为一旦得到对方积极的回应，就会长久改变彼此不愉快的互动体验。"

女儿："但是妈妈怎么了？我没看到她哪些行为是在远离痛苦啊！"

我："你注意到妈妈的愤怒和反驳了吗？"

女儿："是啊，我看到了，但是她感觉很糟，反驳很正常啊。"

我："不错，你注意到了她感觉很糟并开始反驳。我们为什么会反驳？答案很简单，因为感觉自己受伤了。在这里，妈妈感觉自己被孩子和老公冤枉就是受伤，为了让自己好受一些，她开始身不由己地反驳。"

女儿："反驳就是支持自己。如此说来，互动中的沉默、远离，或者解释、争辩，也都是支持自己？"

我："当然，这些都是在试图让自己远离即刻的痛苦。"

女儿："那这位爸爸呢？"

我："你注意到他本能地想反驳妻子吗？"

女儿："注意到了，但他并没有那样做。"

我："是的，想要反驳妻子，就是那一刻本能地想让自己远离痛苦。但他没有那样做，那一刻他留意到了自己的冲动，留意到反驳只会让妻子更加激动从而伤害关系。那一刻他成功走出了无意识反应模式，进入全新的有意识行动模式。"

女儿："有意识会有助于我们摆脱无意识本能的控制？"

我："当然，所谓人性，就是有意识驱动下的表现。在无意识中，我们受困于生物属性；只有回归有意识状态，我们才能展现人性与智慧。比如那位爸爸，因为意识的回归，调整了自己的行为，这就是此刻有意识对无意识的干预。也因为这种干预，他与妻子的互动走出了过去一贯无效的冲突模式。"

女儿：“这真是个好消息。听你讲生命运作的机制，有时我会感觉生命非常可悲，仿佛我们对自己身上发生的事情完全无能为力。”

我：“确实，了解机制可能会带来一种错觉——机制能决定一切。但这不是事实，真正的事实是，依托清晰的理解，让自己有能力回归有意识状态，此刻有意识的行动才是生命中具有决定性的力量。所谓生命智慧，就是有意识练习的产物。”

女儿：“现在我大概明白行动的准则了。我们喜欢简单与流畅、熟悉与确定、自由与能力，以及社会认可等感受，所以背离这些感受的一切，比如累、烦、不确定、不自由、无力弱小、不被认可等，都是我们在无意识状态下想要远离的。不过，一旦我们回归有意识状态，就有机会打破所有这些准则。”

我：“很不错。除了你说到的这些，有一种我没有提到的苦，你需要特别关注。”

同样是亲吻，为何感受会截然不同

不列颠哥伦比亚大学的尼科勒·费尔布拉泽与同事招募了一批女大学生，让她们想象自己在聚会上被人亲吻的感觉。不同的是，一组女生想象的是两情相悦的接吻，而另一组女生想象的是被人强吻。结果，那些想象自己被强吻的女生产生了不洁感，有的人甚至想要漱口；而想象两情相悦之吻的女生完全没有这种反应。

女儿：“我不太明白，这是什么力量？”

我：“上面的实验呈现了不洁诱发的痛苦。弗吉尼亚大学的乔纳森·海特的研究，涉及了不同文化的 30 000 多名被试。他发现，所有文化群体，都会对不洁之物产生憎恶之情。可见，离苦的一种核心行为表现，就是远离不洁之苦。”

厌恶撒谎是一种社会本能

密歇根大学的斯皮克·李等召集了 87 名被试，让他们想象自己是一名律师，正在跟另一名律师竞争。而此时被试发现对方将一份至关重要的文件放错了位置，并焦急地让被试帮忙寻找。

然后，研究人员将被试分成两组，要求一组用电话的方式告诉对方“自己没找到”，而另一组用邮件的方式告诉对方“自己没找到”。

之后，研究人员安排被试填写一份与研究看似“无关”的产品调查，需要被试对各种清洁产品的吸引力加以评判。结果，通过电话撒谎的被试，会觉得漱口水更有吸引力；而通过邮件撒谎的被试，则会觉得洗手液的吸引力更强。

女儿：“有意思，用嘴撒谎的看重口腔清洁产品，用手撒谎的看重手部清洁产品。”

我：“是的，我们会自动厌恶并远离所有不洁的行为。在生活中，这会演变为我们对‘不洁’形象的关注与远离。”

女儿：“有些人在家里行为随意，在公众场合则小心谨慎，这也是不洁的影响吗？”

我：“是的。远离坏名声，就是远离不洁之苦。你学过鲁迅先生的《祝福》，还记得他批判的封建礼教吗？鲁四老爷认为祥林嫂再嫁是伤风败俗，拒绝让她沾手祭祀用品，结果祥林嫂真的相信自己不祥，并丧失了生存的勇气。”

女儿：“我记得，为了远离‘不洁’的名声，祥林嫂捐赠了一年的工钱却毫无用处，她的精神也因此迅速垮掉。”

我：“这就是无意识状态下离苦行动可能的结局——诱发更大、更持久的伤害而非我们期待的痛苦的终结。”

第二节

行为第二准则：追逐生命的乐

阅读《国富论》时，女儿看到一段话："我们期待的晚餐，不是来自屠夫、酿酒师或面包师的仁慈，而是来自他们对自己利益的考虑。我们不讲唤起他们利他心的话，而是讲唤起他们利己心的话。"

女儿很沮丧："我觉得亚当·斯密太偏激了，他彻底否定了一切美好行为背后的主观意志，认为人的行动都出于私利。"

我："'人性自私论'让你不舒服？"

女儿："是的，这让我觉得世界非常可怕。"

我："你想反驳这种观点，可又不知道如何反驳。留意你体验和念头变化的过程，这就是我们说过的行为第一准则——远离即刻的苦。其实，亚当·斯密讲述的只是一个客观现实，这属于事实的领域；而你所说的黑暗、自私、错误，都属于思维评判的范畴，它们都属于经验的领域。经验与事实，二者泾渭分明。"

女儿："怎么理解？"

我："你知道浑沌开窍的故事吗？"

浑沌开窍

南海之帝为儵，北海之帝为忽，中央之帝为浑沌。儵与忽时相与遇于浑沌之地，浑沌待之甚善。儵与忽谋报浑沌之德，曰："人皆有七窍以视听食息，此独无有，尝试凿之。”日凿一窍，七日而浑沌死。

——《庄子·应帝王节选》

女儿：“什么意思？”

我：“大意是南北两位帝君，经常在中央帝君浑沌那里开心地聚会。但浑沌与其他二帝不同，没有七窍。于是，南北二帝为了感谢浑沌的款待，试图为他开窍以报恩。结果，七窍全开的那一天，浑沌死了。”

女儿：“好奇怪。”

我：“我们先忽略故事的逻辑，你能看到浑沌生命的事实吗？”

女儿：“没有七窍，却健康自在？”

我：“是的，他虽无七窍，但健康自在，缺乏七窍没有让他痛苦。这就是事实。然后你能看到南北二帝的经验以及经验对其行动的控制吗？”

女儿：“他们认为没有七窍就享受不到快乐，所以要帮他开窍？”

我：“是的，这就是生活中最常见的现象之一，经验背离事实，行动背离规律。于是，越努力，伤害越大。”

女儿：“我明白了，会伤害人的不是事实，而是背离了事实的经验。”

我：“是的。回到人性的问题上。亚当·斯密说人是利己的、逐乐的，这是事实，这个事实不会伤害人。但是，我们依托自己的经验开始评判这一事实，然后说这是阴暗的、不正确的、需要调整的，于是我们开始被这种评判伤害。在人类历史上，关于人性的争论有很多，如人性本善、人性本恶、无善无恶等。你知道为什么这些观点的持有者永远不可能达成共识吗？”

女儿：“你说过，争论是自我维护，会导致他们无法倾听对方。”

我：“不仅如此，争论的基础是观点，前面我说过，观点是特定经验的产物，诸如善与恶、好与坏、美与丑、正确与错误等二元对立的观点，在不同的文化、不同的经验中各有不同的含义。因此，基于观点去争论，就是典型的鸡同鸭讲；而试图在观点之争中找到公认的‘正确结论’，更是水中捞月。”

女儿：“如此说来，亚当·斯密描述的事实是对的？”

我：“当然，这就是人类行为的第二准则——追逐生命的乐。牛津大学王后学院的莫滕·克林格巴赫指出，追逐快乐是驱动人类行为的核心力量。如果我们留意生活，也会发现一个清晰的事实，在快乐面前，饮食、睡眠等生理需要不值一提；为了获得快乐，我们甚至会漠视生存需要——自杀之所以会成为全球性挑战，就是因为有些人‘渴望快乐却得不到’。”

追逐快乐是行为的核心动力之一

堪萨斯大学的丹·巴特森等开展了一系列人性观察研究。

在一项研究中，他们安排 20 名被试为自己和另一名确切知道不会见面的被试分配任务：一个任务很诱人，还有机会额外赢得 30 美元的消费券；另一个任务听起来就无聊，也没有机会赢奖。

在分配前，研究人员告诉负责分配任务的被试：另一名被试得到的信息是任务会被随机分配，并且大多数被试都认为用抛硬币的方式分配任务最公平。不过，抛硬币的过程可以由被试独立完成。

谈起如何分配才合乎道德，19 名被试说“指派另一名被试做有吸引力的任务是有道德的”；或者，用抛硬币的方式来分配任务是有道德的。但最终的结果，是一半被试选择直接分配任务，且 80% 的人将好任务留给了自己；而另一半选择抛硬币的被试，有 90% 都“抛”到了好任务——显然，从概率的角度来看，这是不可能的，被试的行为与语言呈现了令人震惊的道德伪善。

在另一项研究中，28 名选择抛硬币的被试，最终有 24 人拿到了好任务——

从概率的角度来看，这也是不可能的。

之后，研究人员改变了条件：任务分配完成后，要告诉另一名被试决策的过程。这次有 75% 的被试选择了抛硬币，但最终的结果依然没有变化——大多数被试得到了好任务！

女儿："哪怕伪善也要让自己快乐？这个实验结果真是让人失望。"

我："你看，这就是自动化评判，这种评判迅速诱发了受伤的感受。你理解实验呈现的事实吗？"

女儿："当然，生活中我最烦伪善的人。"

我："沉溺于感受，会让我们错失事实，进而削弱摆脱人性束缚的能力。你对实验揭示的'求乐'的人性失望，但你知道研究人员是怎么让被试变得诚实的吗？"

女儿："被试能做到言行如一？"

我："当被试坐在镜子前面，可以看到自己的行为时，作弊行为几乎没有了！"

女儿："有意思。为什么镜子的作用这么大？"

我："我说过，无意识状态下我们的反应模式就是自动离苦。而生命中的苦，每一刻都可能变化。没有镜子时，苦是无聊的任务；有镜子时，苦依然是无聊的任务，但这种苦是远期的，与之相比，言行不一所诱发的自我形象受损，是即刻的苦，而我们习惯于远离即刻的苦。"

女儿："罔顾远期的苦，优先远离即刻的苦，这就是人性的一部分？"

我："是的。离苦的行动可能带来更大的伤害。与此同时，因为在离苦与得乐的较量中，离苦又是优先的，所以很多人才越来越难以得到快乐。"

女儿："你反复说'处理感受是第一步'，是否就是因为优先级不同？"

我："是的。理解了机制，我们就有机会借助机制更好地经营我们的生活。"

助人即助己

在一项针对个人的研究中，不列颠哥伦比亚大学的邓恩、阿克南和美国哈佛商学院的诺顿招募了 46 名被试，先让他们完成幸福感测试，然后分别给他们 5 美元或 20 美元，让他们在下午 5 点前花完。其中一部分被试被要求将钱花在自己身上，比如支付一个账单或者给自己购买一个礼物；而另一部分被试被要求将钱花在别人身上，比如给他人赠送一个礼物，或者慈善捐款。下午 5 点，被试被重新召集起来进行第二次幸福感测试。结果发现，那些为他人花钱的被试更快乐。

在另一项针对夫妻关系的研究中，纽约大学的玛西 · E. J. 格利森及其同事对 85 对夫妇进行了为期 4 周的跟踪，他们让这些夫妇每天都报告自己的情绪、接收的情感支持或给予对方的情感支持。结果发现，给予对方情感支持，会使给予者本人产生积极的心境。

女儿："这就是大家常说的'助人为快乐之本'吧？"

我："是的，助人行为的本质，依然是让自己的体验变好。有大量的研究证明，帮助别人不仅会让我们快乐，更有益于身体健康。理解了这一点，我们就可以有效借助这一机制改变他人甚至社会。"

糟糕的感受会驱动我们帮助他人

麦克米伦和奥斯汀设计了一项实验，让被试为了得到学分而参加一项测试。被试被随机分为有机会说谎组和无机会说谎组。

有机会说谎组的被试，在等待测试开始时会遇到一个自称刚参加过测试的人（其实是研究助手），对方会主动与被试攀谈，并简单介绍测试过程和内容。当他离开后，研究人员会进来介绍测试，并询问被试是否听到过有关它的任何事情。结果，有机会说谎组的所有被试都撒了谎。

无机会说谎组的被试只是简单地等待并参与测试。

测试结束后，研究人员没有给被试任何反馈，但是他提出了一个请求：如果你们有空，能帮忙为一些问卷评分吗？

结果表明，无机会说谎组的被试平均只帮了 2 分钟忙，而有机会说谎组的被试平均献出了 63 分钟！

女儿："他们是在用助人行为来缓解说谎诱发的痛苦？"

我："是的。我们都讨厌自我形象受损，因此当有机会通过帮助别人来弥补受损的形象时，我们会非常努力。"

女儿："哪怕是这种努力意味着新的痛苦？"

我："其实痛苦本身从来不是问题，我们对痛苦的态度才是。你提到'新的痛苦'，如果这种痛苦意味着有机会获得更大、更持久的快乐，那么在有意识的状态下，我们会愿意承受这种痛苦。实际上，大脑会自动将快乐、痛苦按时长区分为长时快乐 / 短时快乐、长时痛苦 / 短时痛苦，并以此为基础自动评估、选择此刻适宜的行为。在无意识的状态下，大脑会自动选择远离短时痛苦或追逐短时快乐；但在平静或有意识的状态下，大脑则倾向于承受短时痛苦以便于追逐长时快乐。"

女儿："离开了有意识，我们很容易自我伤害？"

我："当然。在无意识的离苦逐乐中，我们可能会长期陷入矛盾、冲突的状态，我们的行为可能充斥着各种悖论，自控力、表现力等都会严重受损……我给你分享一项很多人知道，却未必理解其价值的研究。"

第三节

离苦逐乐中被忽略的事实：努力、冲突与悖论

好印象悖论

当努力地想要给他人留下好印象或者担心自己能否给他人留下好印象时，我们会不自觉地焦虑，行为也会出现变化：小心翼翼地说话，避开那些显得自己无知的话题，待人友善并保持微笑……但布鲁姆、梅莱什科等各自的研究发现，这些努力反而会让我们给他人留下不好的印象。其他研究人员也发现，相比关注自己想给他人留下好印象的被试，那些关注并支持他人的被试，更易给他人留下好印象。

在另一项研究中，约翰·T. 卡乔波等邀请自评为“孤独者”的被试录一段音：描述自己并尽量做到有趣。录音前，一部分被试得知这段录音会被他人听到并打分，结果他们的录音被评价为无趣、没有什么新鲜之处。与此相反，那些录音前不知道自己的录音会被评价的被试，其录音被评价为和普通人的有趣程度相仿！可见，孤独者的问题不是本身无趣或缺乏魅力，而是他们太努力以至于无法展现自己的魅力。

女儿：“那像我这样在社交中有些害羞的人，就没有出头之日了？”

我：“这些信息让你紧张？那我说一个好消息，高福等研究人员发现，在人际

互动中，害羞的人往往更能被他人接受和喜欢，因为他们不以自我为中心，并且谦虚、敏感和谨慎。”

女儿：“紧张也未必有害？”

我：“任何信息都不是绝对正确或错误的。对生命运作规律的无知，会让我们不自觉地走向矛盾、冲突以及努力的悖论。比如斯坦福大学的一项研究发现，压制自己的感受，不仅会让自己难受，也会让身边的人难受。”

女儿：“不理解生命运作规律，会导致行为与本意分道扬镳。”

我：“是的。几千年来，受困于生命本能，我们习惯了漠视事实而依托经验做想当然的努力。可惜，这些努力很容易背离规律，变得无效甚至有害。”

女儿：“我可不可以说这是行动策略出错？”

我：“最好不要。当你归因为策略出错时，一定会选择调整策略。但调整策略从来不是解决问题的核心，清晰地理解问题才是。虽然人类所有的困境都源于理解不足带来的策略出错，但我们真正要做的，是观察事实并理解逻辑。”

女儿：“这很难，因为你反复说生命的本能是追寻简单轻松的体验，尤其是在困境中，我们只想迅速摆脱困境，所以很难去观察事实并理解逻辑。”

我：“是的，所以在困境中，我们需要先躺平来终结此刻的冲突。”

第四节

行为第三准则：有效的行动调整依托于清晰的感知与反馈

女儿："我有一种感觉，你前面说过躺平就是脱困之路，但被动躺平并不是脱困之路！"

我："不错，我说的躺平是一种策略，它以清晰地观察事实并理解生命运作规律为基础，既然此刻做什么都是错，那我不妨什么都不做！这种感知事实并依托于事实调整行动的能力，背后蕴藏着行为的第三准则——有效的行动调整依托于清晰的感知与反馈。"

体感反馈不足导致行动调整能力丧失

罗思韦尔等研究了一位手臂神经受损的患者。因为感知不到来自手部的信息反馈，即便在视觉引导下，他也很难完成诸如扣扣子、捡硬币等复杂的手部动作。当他手持一杯咖啡与他人擦肩而过时，他也很难不让咖啡洒出来。

不过，感知反馈能力受损导致的最大问题，是他不能自动维持肌肉收缩。比如当他手提行李箱时，他必须紧盯着行李箱以确保自己不会松手。但是，在需要持续发力，如提笔写字、举杯喝水时，即便他一直盯着自己的手，也会发现笔或杯子在慢慢地从手中滑落。

女儿："没有反馈，就不知道该做什么。这有点儿像学习，不知道哪些知识有漏洞，也就没有复习的方向。”

我：“是的，感知和反馈是行动的基础。在学习知识时，我们一直依赖于外部权威给予的反馈。但生活与知识学习不同，生活每一刻都在变化，也因此任何外部反馈都无法跟上生活的节奏。要改善生活，我们就要完成两种转变，从向他人学，转为向自己学；从依赖外部反馈，转向觉察并依赖即刻的自我反馈。”

女儿：“从没听说要向自己学习。”

我：“是的，我们一直在接受‘以人为师’的教育。但理解生命与学习知识不同，‘以己为师’我们才能真正成长。我带人做的心理灵活性训练培养的就是观察自己、理解自己的能力，这就是‘以己为师’的学习行动。在生活中，很多来访者求助多年却依然在苦苦挣扎，原因就在于此——缺乏对生命的理解，无法清晰地看到此刻的事实，也就无法在此刻调整行动来终结无止境的伤害行为。”

女儿：“虽然你呈现了大量‘活着却不自知’的事实，但我依然不愿意相信这一点。”

我：“当然，我说过，大脑渴望寻求‘我是对的/我是好的’的体验，它不愿意观察并确认‘我很无知’这一事实。在生活中，要想清晰地看到‘自以为知道实则一无所知’才是生命的常态，就需要有能力感知现实。可惜，我们感知现实的能力很容易受损。”

睡眠不足会影响感知能力并诱发情绪无能状态

要想实现良好的人际互动，你需要读懂他人的情绪。

在一项实验中，被试会看到某个人的许多面部照片，其表情会逐渐发生变化，从面带微笑、友善、平易近人，逐渐变得严厉，甚至目露凶光，具有威胁性。每一张照片中这个人的情绪都与前后相邻的照片有着微妙的差异。

当被试在实验室环境中度过一晚并获得良好的睡眠，然后观察照片时，他们展现出良好的情绪解读能力。

但是，如果被试在实验室环境中被剥夺一晚的睡眠，然后再来观察照片，他们的表现截然不同：被试会忍不住失神，其解读照片上细微情绪线索的能力仿佛在一夜未眠后也全都消失了。

不仅如此，研究还发现，感知能力变弱时被试很容易陷入恐惧的预设状态，即使是温柔或有点儿友善的面孔，在他们看来也是具有威胁性的！

女儿：“难怪睡不够的时候，我会特别心烦。”

我：“是的，良好的睡眠是清晰地感知自我、感知世界的基础。在良好的身体感知的基础上，我们才能识别、管理情绪。感知能力不足会诱发很多意想不到的生命困境。”

女儿：“那除了保持良好的睡眠，我该怎么保护并发展身体的感知能力呢？或者说感知能力受损后，该怎么恢复呢？”

我：“尝试调用感官留意我们所处的环境，留意自己身上发生的一切，就是在保护并发展身体的感知能力。比如闭上眼睛倾听周围的声音，听到一种声音后不要留恋，静静地等待下一种声音的出现；吃水果时，用心感受水果的温度、光滑度，感受它的重量、大小，感受它的气味和味道；悲伤时，感受眼眶里的泪水，感受它如何溢出眼眶并顺着面颊往下流，感受下巴上的泪珠如何滴落；愤怒时，感受心里的那团火，感受热血上涌或浑身紧绷、酥麻，感受心跳……”

女儿：“这有用吗？你说的听上去太容易做了，一点儿都不神奇。”

我：“留意这一刻你的表达，人类总是偏爱可望而不可即的神奇，却对稍加努力就唾手可得的一切弃如敝屣。观察生活，你就有机会发现，诸如感知鲜活的生命现实这些容易做的事，或者真能改善个人生命状态以及人际互动状况的事，我们未必真能做到。实际上，大多数人都会因为持续受困于过去的经验而感知不到此刻鲜活的现实。”

来访者案例

今天孩子姑姑过生日。早晨起床后，我提醒女儿，她说知道了。中午，我再次提醒：“咱们订一束花给姑姑送去吧。”

女儿：“我不想去。生理期，腰很疼。”

我：“姑姑那么爱你，你去送花给她，她肯定高兴啊。腰疼的滋味妈妈也能体会，还不至于不能下床。”

女儿：“我不去。”

我：“要不这样吧，我去把花包好了再回家接你，给姑姑送去了咱们就回来，也不用走路，应该不累。”

女儿：“我腰难受，不去。”

我（不自觉地皱着眉头）：“你有点儿太以自己为中心了，你要有颗感恩的心。姑姑那么爱你，你不应该回报她吗？”

女儿：“看看你眉头皱的……”

我：“我不同意你这个做法。”

女儿：“我不去。”

最后，我只能自己去给孩子姑姑送礼物。但我心里对这件事无法释怀，回家后我也没搭理女儿，她也没下床。

听老公说，女儿中午没有吃饭，我也没管她。

下午我想起这件事，突然发现我的注意力也都在自己身上，就是想说服女儿，完全没有倾听她的想法。一瞬间，我的愤怒就消失了，于是我起身来到女儿屋里……

女儿："这位妈妈不愿意理解孩子，只想说服孩子，让她听自己的！"

我："这就冤枉她了。几乎所有父母都希望理解并更好地支持孩子。当然，这很难实现，很少有父母能留意到此刻发生了什么。你注意到这位妈妈最后的描述了吗？"

女儿："她发现自己的注意力都在自己身上，只想说服女儿而没有倾听女儿的想法。这一刻她走出了愤怒，有能力去靠近女儿。"

我："是的，这一刻，她突然清晰地看到并理解了自己行为的实质，这就是此刻获得了反馈，这种反馈让她采取了全新的行动。可惜，困境中的来访者都有感知能力不足的困扰，很难得到这样清晰的反馈。"

女儿："得不到反馈，我们的行为就只能依托于无意识的自动化。"

我："是的，无意识才是生命的常态。在行为的逻辑中，我们看到了无意识状态下生命自然的走向，也看到了如何摆脱这种无意识并回归有意识状态。下面，我们来看看无意识状态下的认知逻辑。"

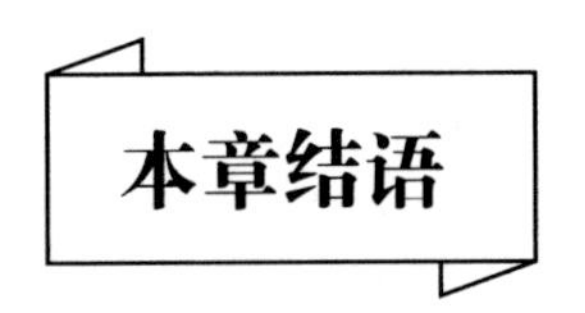

离苦、得乐，这是两种不同的行为动力。

它们共同驱动着无意识状态下自动化、反应式的行为。

这些行为，都在满足某些即刻的需要。

不幸的是，我们是行为复杂、需要多变的人类，在任何时候，我们既可能有

安全、愉悦、发展、社交等不同层面的需要，也可能有短时和长时的需要。

于是，满足某一需要的行为，很容易诱发内在的冲突：即刻需要对长时需要的伤害，长时需要对即刻需要的挤压，或者安全、愉悦与发展、社交等不同层面的需要间的冲突……

任何行为，都只能优先满足某一刻的需要或某一种需要，它无法满足生命的所有需要。

这是生命运作自带的冲突，生命不息，冲突不止！

而冲突不止，则痛苦不绝！

当然，这并不意味着我们对痛苦束手无策。实际上，在任何时候，我们都可以通过发现冲突来走出冲突。于我而言，这就是终结痛苦并走向自由的真正路径：清晰地理解生命运作的机制，有意识地观察即刻的生命事实，然后依托于事实和理解去调整此刻的行动。

第五章 认知的逻辑

——认知服务于行为和感受

第一节

认知法则一：我知道一切，却对自己身上发生的事情一无所知

女儿：“你提到无意识状态下的认知，难道认知可以脱离意识而存在吗？”

我：“意识，从来不是认知活动所必需的。其实我们已多次谈到无意识的认知活动，所谓的‘我有自知之明’‘我能控制自己’‘我能对自己身上发生的一切负责’等信念，在无意识状态下都是不成立的。”

女儿：“我虽然不喜欢这个结论，但又感觉它有些道理。有时我会发现直觉很有用。”

我：“直觉就是以无意识感知为基础的。所谓的神奇或莫名其妙，背后都有逻辑，只是我们未必知道。”

直觉是无意识认知活动的结果

斯坦尼斯拉斯・迪昂等设计了一项实验：向被试快速展示 5 个箭头，让被试说出指向右侧的箭头多还是指向左侧的箭头多。通常，被试能准确地回答问题。

然后，研究人员调整了箭头呈现的时间：让被试在意识的层面根本“看不到”箭头。

在这种情况下，被试会误以为自己需要随机猜测，但他们的表现远好于随机猜测。

脑电记录显示：箭头呈现时，被试大脑顶叶被激活。这表明箭头虽然在主观上没有被看见，但已经成功进入大脑的评估系统。

女儿：“大脑可以无意识地做出统计？”

我：“是的，大量的研究表明，一些简单的甚至涉及基础运算的认知活动，不需要意识的参与。”

无意识状态下，人们可以完成简单的数学运算

范奥斯塔等研究人员向被试闪现 8 个数字，其中 4 个可以被有意识地看见，而另外 4 个因为闪现时间太短，被试意识不到它们的存在。

然后，研究人员要求被试判断这些数字的平均值是大于 5 还是小于 5。

虽然有 4 个数字不在意识范畴内，但从整体来看，被试的回答相当准确：如果有意识看见的数字平均值大于 5，那么被试就会无意识地偏向于回答“小于 5”。

女儿：“所谓的运气好，背后可能是大脑无意识的加工过程？只是我们不知道，所以才会感觉很奇妙？”

我：“很多事的因果我们未必能清晰了解，这才让奇谈怪论有了存在的空间。无意识的认知活动，影响着生活的方方面面。”

女儿：“如果认知活动不受意识控制，那我该怎么控制我的生活？”

我：“错误的问题，会导致错误的答案以及行动。既然已经清晰地发现生命不可控，为什么还要继续去控制呢？当然，这种控制，是身不由己的无意识的结果。如果我们能同时发现这两个事实以及由此而来的第三个事实‘生命不可控，我却会不由自主地去控制，所以我会反复受伤’，那我们自然就会知道走出困境的路——清晰地发现自我控制的欲望与行动，然后用行动远离它们。”

女儿：“这样不会导致自我放纵吗？”

我：“远离一种有害的行动，不意味着我们会陷入另一种有害的行动。真的去实践，你就会体验到其微妙之处。”

第二节

认知法则二：我错了？不可能，我一定是对的

冰激凌是女儿的挚爱。

升入高中后，为了保护皮肤，医生建议她远离冰激凌。

这并不容易。

一次点餐时，女儿讪笑着看我："偶尔吃一次没什么关系。"

我："确实，没必要控制得死死的。"

女儿瞬间轻松下来，愉快地点了份冰激凌。

我："你能留意到自己身上发生了什么吗？"

女儿："什么？"

我："你在纠结吃与不吃，吃，你会担心皮肤，或觉得自己意志不坚定；而不吃，你又非常渴望。这就是即刻的自我冲突，它会让你痛苦。一旦你得到看似不错的理由，如'偶尔吃一次没关系'，而我又予以认同，你就轻松走出了纠结。"

女儿："确实，自我开脱很有用。"

我："人类会不自觉地受困于经验和语言，比如'自我开脱'，它蕴含着一个暗示——'我错了'，如果将它换成'自我减压'，会对自己更友善。"

女儿："你很在意概念的使用。"

我："认识世界需要依托于概念，它一直在无意识地影响我们的感受、改变我们的行为。重建心理灵活性的核心，就是练习识别概念，并用行动来摆脱它的束缚。回到刚才发生的事情上，为吃冰激凌寻找合适的理由，体现了人类自我保护的本能。我说过，大脑的第一使命是自我保护，寻找合适的理由以证明'我的行

为是对的’。在无意识状态下，大脑会罔顾事实，为自己坚持的信念或此刻的感受、行为找到合适的理由。”

我的选择一定是对的：迈克尔·加扎尼加关于脑裂患者的研究

大脑左右半球互通信息的核心结构，是胼胝体。

手术切除胼胝体，会人为割裂大脑的两个半球，结果每个半球都独自控制半边身体：左脑半球控制右侧视野、右侧身体的感觉运动以及语言功能；右脑半球控制左侧视野和左侧身体的感觉运动。

选择这些特殊的脑裂患者作为被试，加扎尼加等做了一系列实验。

其中一项实验是让被试坐在显示屏前，先为其呈现一张只有右脑可以看到的雪地照片，再为其呈现一张只有左脑可以看到的鸡爪照片；之后，再为其呈现 4 张左右脑都可以看到的照片：一把铲雪的铲子、一只完整的大公鸡（之前的鸡爪照片就是大公鸡的一只爪子的特写）、一个苹果和一辆汽车。

然后，研究人员要求被试在 4 张照片中，用左手指出与自己之前看到的照片关联度最高的。于是，被试指向了铲子——这合乎逻辑，因为左手受右脑控制，而右脑看到的是雪地照片，铲子与雪地关联度最高。

之后，研究人员让被试解释原因。

要回答这个问题，被试需要用到负责语言控制的左脑。在这里，左脑会面临一个显而易见的冲突：明明自己看到的是鸡爪的照片，而大公鸡显然和鸡爪关联度最高，但是自己刚刚选择的却是铲子。

研究人员以为被试会承认自己做了错误的选择。但事实上，被试对自己的选择非常自信：“我觉得铲子理应和鸡爪联系在一起，因为有鸡爪就说明有鸡，有鸡就会有鸡舍，而铲子可以用来清理鸡舍。”

在进一步的询问中，加扎尼加发现被试完全相信自己的解释。

女儿：“这不就是自我欺骗吗？”

我：“留意，‘自我欺骗’这个词会影响你如何看待我刚刚呈现的研究事实。”

女儿：“我会不喜欢，会厌恶。”

我：“是的，我们会自动厌恶与‘欺骗’有关的事情，于是，这种厌恶就会阻碍我们进一步了解更多的事实，这就回归到无意识导致的无知状态了。其实，相比于‘欺骗’这种主观的评判，刚才我们描述的现象中，被试有大脑主观努力的痕迹吗？”

女儿：“被试既然确信自己的选择是对的，那就意味着他们没有面临内在的冲突，也就没有主观努力。”

我：“因此，这不是自我欺骗，而是认知运作的一个基本原则——认知服务于生命现实，它会自动为现实的存在寻找合适的理由。理解了这一点，我们就知道在与人互动时，尝试质疑、否定对方自我保护的语言为何会让对方厌恶与我们交流，哪怕他们真的错了。在社会心理学的研究中，多伊奇、杰德拉及扎尔茨施泰因等学者很早就发现，个体一旦在公众面前做出承诺，哪怕是错的也会坚持到底，或者最多也就是在以后的情境中尝试改变自己的判断或承诺。”

女儿：“这听起来毫无理性。”

我：“当然，这些事实一再呈现了另一个我们不愿意接受的事实，人类更多的是感受人而非理智人。要摆脱感受的束缚，让自己的行为更理智，我们就需要清晰地理解并处理感受的干扰。回到自我合理化上，清晰地理解这一逻辑，我们就有机会弄懂并终结所有无意义的冲突——不管是自我冲突，还是人际冲突。”

来访者案例：我学会了倾听

妈妈："于老师说，理解自己才能真的理解孩子。比如当我留意到自己因情绪变糟而丧失行动力，明明想靠近孩子却动弹不得时，就能理解孩子为什么明明渴望却不能行动——与我一样，孩子也会因情绪变糟而行动瘫痪；当我留意到自己无力行动，并对别人的要求感到烦躁、愤怒时，就能理解孩子为什么也会对我们的要求感到烦躁、愤怒……"

爸爸："对呀，我就说你先不要去要求孩子，她都对你发火了，你还说这是让她发泄情绪，我就觉得不对。"

妈妈（听了老公的话很不高兴）："事后诸葛亮，谁都会做。"

爸爸："反正我当时就觉得不对。"

妈妈："那你倒是拿出方案来呀！"

爸爸："我哪敢？你总说我不对，说我无知。"

（老公控诉我说他无知已经许多次了，我辩解过，也道过歉，但他还拿出来说，一下子就让我生气了。）

妈妈："你说这些真不怕伤害我。"

爸爸："你不也一样？"

他这句话提醒了我，我注意到自己与老公互动时是处于无意识状态下的，我想起于老师说的："当对方一直纠结于某事时，道歉会阻碍情绪表达，倾听才有机会让对方走出纠结。"

妈妈："堂堂一个博士，却被我说'无知'，你很生气吧？"

老公马上回答："是啊！"

妈妈："生气却又没办法，因为你不想伤害我，所以只能自己生闷气……"

老公马上接话："对呀！"

…………

我终于引导老公说出了他埋在心里好久的话，看着他逐渐平静下来，我想偷笑。

女儿："有意思，这对夫妻彼此都在找机会维护'我是对的'的感觉。"

我："是的，他们争执的原因是为这种感觉被伤害，要努力保护；他们和解的原因是妻子在自我倾听中走出了无意识，而丈夫也因为妻子的倾听体会到了'我是对的'，因此不再需要自我保护，状态自然也转变了。"

女儿："确实，我们不仅会自己说自己对，也希望别人说我们对。"

我："当然，社会人的属性决定了我们总会寻求社会认同，这是自我行为合理化的一部分。"

女儿："这就是为什么人会渴望被倾听、被理解？"

我："是的，被倾听、被理解会带来'我是对的'的感觉。"

女儿："我有个疑惑，理解了'人都想证明自己是对的'，怎么就能终结无意义的自我冲突与人际冲突？"

我："你想伤害自己或伤害别人吗？"

女儿："当然不想。"

我："你看，一旦清楚地知道什么是伤害，我们就会小心地避免伤害。行为真正的驱动力是生命内在的需要，而这些需要发挥作用的媒介，就是大脑自动化的语言，也就是认知活动。当我们持续渴望并想要证明'我是对的/我是好的'时，我们会不自觉地与自己的生命现实较量，或者与他人较量，于是生命开始进入绵延无尽却毫无意义的痛苦状态；同样，当我们伤害了他人对'我是对的/我是好的'的需要时，对方也会因此而痛苦，然后开始与我们进行无尽的较量……当我们真的理解了这些，我们就有机会发现这些造成痛苦的语言与行为，然后有意识地远离它们。这种远离，就是此刻苦难的终结。"

女儿："有点儿拗口，我慢慢琢磨。"

我："离开了实践，你会很难理解我呈现给你的内容。对'正确'的渴望，会驱动我们做出很多不被社会认可或明显荒谬的行为。你学过自我服务归因吗？"

女儿："是不是遇到事情时，把好的结果归因于自己，把坏的结果归咎于环境、他人或任何其他因素？"

我："没错。为维护良好的自我形象，我们总喜欢将成功与自我联系，而刻意避开失败对自我的影响；我们总觉得自己是对的，同时抱怨别人是错的——这就是自我服务归因带来的自动化的行为变化。对'我是对的 / 我是好的'体验的追逐，很容易让我们走向固执或偏执。"

信念固着效应

李・罗斯与同事设计了一项实验：先给被试传递一个错误的理论，然后或者直接宣称该理论是正确的，或者向被试出示一些可证明该理论正确的轶事式的证据。之后，他们要求被试自己组织语言，解释为什么该理论是正确的。

当被试努力做完解释后，研究人员会用新的更强有力的证据彻底否定被试之前的努力：证明该理论是完全错误的。研究人员认为，在见到新证据之后，已建立错误信念的被试会轻松推翻原有信念。但他们太天真了，只有 25% 的被试接受了新结论，大部分被试仍然坚持他们已经建立的观点。

我们不愿意否定已经为之付出努力的一切，哪怕它们是错的！

女儿："人真的没有理性。"

我："在无意识的状态下，维护自己的利益、形象，维护自己曾为之付出努力的一切，这才是生命的本能。认知逻辑中的'证真'效应，就是这一本能的产物。"

第三节

认知法则三："这就是我说过的"，我们习惯于"证真"而非"证伪"

女儿："什么是'证真'？"

我："'证真'在这里是指一种心理现象，即面对任何事情，我们都会有既定的信念，这些信念会驱动我们选择性地关注能证真的信息，而忽略那些能证伪的信息。"

我："这就是'证真'效应吗，也叫'巴纳姆效应'。"

巴纳姆效应：含糊的表达，就是最准确的表达

1948 年，伯特伦·福勒给一群被试做完明尼苏达多项人格测验后，拿出两份结果（一份是被试自己的，另一份则与被试完全无关），让被试判断哪一份是自己的。

与被试完全无关的结果，是将多数人的回答综合后得到的，它包含多句模棱两可的描述：你非常需要其他人喜欢和欣赏你；你倾向于批评自己；你有大量尚未发挥的、可转化成自身优势的能力；你虽然有一些性格上的缺点，但通常能够弥补它们；你有时会怀疑自己是否做了正确的决定和事情；你更喜欢一定程度的变化，对受到限制感到不满；你认为自己是一个独立的思考者，不会倾听缺乏充分论据的人的陈述；你有时外向、和善、善于交际，有时又内向、谨慎、保守；你的一些愿望往往是不切实际的；你生活的主要目标之一是安全……

最终，被试普遍认为后者更准确地表达了自己的人格特征。

以此为基础，福勒揭示了一个事实：人们常常认为一种笼统的、一般性的人

格描述十分准确地揭示了自己的特点。

女儿："明白了，'证真'就是证明自己是'对'的、'好'的，它遵从于感受好的逻辑。"

我："是的，感受好的逻辑无处不在。在这里，'证真'现象会驱动我们选择性地关注并获取信息，这就是注意脱离现实而受困于经验的过程。"

专家的判断真的可信吗

心理学家菲利普・泰特洛克对专家预测做了 20 多年的研究。

他以 284 位习惯于公开预测政治和经济走向并提出专业建议的职业评论家为被试——让他们评估某些大事（既涉及他们擅长的专业领域，也涉及他们知之甚少的非专业领域）在不久的将来发生的概率，并询问他们如何得出这些结论。

最终，泰特洛克收集了 8 万份预测结果。让他震惊的是，这些预测结果的准确性甚至不如直接抛硬币。

女儿："是不是政治事件的不可预测性太强？"

我："当然不是。不过谈到可预测性，经济发展通常有规律可循。我们来看看专业投资者的长期表现。"

交易大赛：专业投资者的表现会胜过黑猩猩吗

加利福尼亚大学伯克利分校金融学教授特里・奥登研究了 10 000 名专业投资者 7 年间近 16.3 万笔交易记录，通过对比专业投资者卖掉股票和买进股票一年后的价格走势，发现了一个可悲的事实：平均而言，这些专业投资者卖掉的股票，比他们买进的股票价格要高大概 3.2 个百分点。

在后续的研究中，奥登及其同事布莱德·巴布尔发现：总体来看，交易最积极的专业投资者往往会得到最糟糕的结果，而交易最少的专业投资者却赢得了最高的收益。

最终，奥登得出结论：很多专业投资者在交易过程中一直在赔钱，连会扔飞镖的黑猩猩都能比他们做得更好！

女儿："既然事实清晰，那为什么我看到的所有专家都对自己的观点深信不疑，而所有的业外人士也对专家的观点深信不疑？"

我："这就是'证真'效应制造的错觉：我们会本能地忽略那些能证明我们（或我们信任的人）错了的信息，而选择性地关注那些能证明我们（或我们信任的人）对了的信息。比如泰特洛克的研究发现，专家们都不愿意承认自己预测错了；如果非要他们承认错误，那么他们会给出各种看似可信的解释，比如失误源于预测时机不好、突发事件干扰，或者直接就说'我虽然错了，但我有正当的理由'。"

女儿："这就是感受好驱动的自我形象维护行为。"

我："是的。这就是生命的事实，在无意识中，拒绝认错、努力维护良好的自我形象是生命的本能。"

女儿："那如何战胜这一本能？否则生命太可悲了。"

我："战胜本能？如果以此为目标，我们会疲惫不堪，甚至丧失生活的能力。其实，我们不需要战胜本能，只需要留意它的影响，当它不会阻碍生活时，随它去发挥作用；但一旦发现它开始伤害我们，就要有意识地留意并处理它。发现无意识、回归有意识，就是终结生命悲剧的道路。"

女儿："现在我理解了，无意识无处不在。"

我："是的。比如我们既定的认知模式之一是，把不期而至的挑战，以及随之而来的情绪变化、思维变化视为'麻烦'，于是我们会第一时间努力去摆脱这些'麻烦'。"

第四节

认知法则四：自动追寻解释而非事实，我们会陷入因果陷阱

女儿：“发现并迅速解决问题难道不是应该的吗？为什么你会质疑这种处理方法？”

我：“我再问你一遍，解决问题的基础是什么？”

女儿：“什么意思？”

我：“比如你想解一道物理题，要先做什么？”

女儿：“先读题？”

我：“是的。为什么要先读题？”

女儿：“不先读懂题目，我怎么解题呢？”

我：“不错，你看，这就是我们解题时的智慧，要先读懂题目，然后才知道需要调用哪些公式、定理。在学习中，我们会掌握大量知识，比如我熟知牛顿第一定律，但解题时，我绝不会不看题目就直接把它写上去，然后告诉老师‘我解完了’，因为我清晰地知道这样做不行。但是在生活中，我们所拥有的这种智慧却发挥不了作用，我们甚至没有清晰地理解问题，就急于做出某些行动。”

来访者案例

妻子：“我太痛苦了！咱俩本来在单位职位相同，但为了照顾两个孩子，我成了全职主妇。7 年来，我没有自己的时间，也没有梦想和成就感……我的情绪从

没人在意，每天都在为些鸡毛蒜皮的事情跟你吵架……我讨厌这样的自己，我不想再过这样的生活了，我要改变自己……”

丈夫：“我怎么不在意你的情绪？我天天努力工作，不就是想让你和孩子过得好一些吗？”

妻子：“我不想听你说这些，你早就不爱我了。我现在见到你就觉得恶心，听到你说话就觉得心烦……咱俩离婚吧。你要不同意，我可以净身出户，去选择更好的人生。”

丈夫：“你怎么动不动就提离婚？离婚了你就真的能好起来？”

妻子：“当然，我很清楚我为什么这么痛苦——它们都是你带来的，我只想离你远一点儿，过得开心一点儿……与你在一起，我只会越来越绝望。”

丈夫：“要不我辞职回来陪你一段时间？”

妻子：“你要辞职了，咱俩都不上班，怎么养孩子？你要回来陪我，我就搬出去自己住，你带着两个孩子。”

…………

女儿：“这个妻子很痛苦。”

我：“是的，她和丈夫都在寻找解决痛苦的方案。妻子找到的方案是什么？”

女儿：“离婚。”

我：“你注意到她希望通过离婚解决什么问题吗？”

女儿：“无助、孤独、被漠视，缺乏自主感、价值感，不快乐……”

我：“很不错，你能理解她真正的困境。注意离婚与摆脱这些体验有关吗？”

女儿：“好像无关。即便不离婚，她也能够重新捡起工作，找回价值感，找到独处的时间，或者得到丈夫的关注与支持。”

我：“这就是不理解问题而急于寻找解决方案并行动。”

女儿："如此说，丈夫想要辞职陪伴妻子，也是找错了方案？因为你说过，关系远近，不在于物理距离而在于心理距离，所以即便他在工作，不在妻子身边，也可以让妻子感受到被关注、被支持。"

我："是的。这就是我们认知的基本逻辑之一，自动、优先给出解释和方案，而非先清晰地理解问题再寻找有效的方案。正是在这一逻辑的影响下，每时每刻，大脑都会自动忽略'发生了什么'，而热衷于呈现'为什么'。"

女儿："确实，遇到问题时，我也习惯于第一时间追问或解释'为什么'。"

我："自我保护是进化决定的生命本能，无论追问还是解释，都是这一本能的产物。其实，只要是人，就可能受困于这一认知逻辑而陷入生命的困境，即虽然不知道发生了什么（这就是无知），却在'为什么'的指导下急于做些什么来解决问题。结果，所谓的努力只是在南辕北辙或揠苗助长。"

女儿："确实，理解问题才是解决问题的基础。"

我："遗憾的是，理解问题就会影响此刻生命对简单、轻松体验的追逐。于是，我们很容易满足于一知半解的错误归因。"

女儿："我学过基本归因错误，案例中的妻子其实就犯了这种错误。"

我："是的，在自动化的反应中，我们难以看到生命的事实，也就没机会理解真正的逻辑。"

什么决定了哈罗德的表现

鲍登学院的沙夫纳设计了一项实验。他邀请一批学生作为被试来训练 4 年级学生"哈罗德"，规则是哈罗德每天早晨要 8:30 到校。在 3 个星期内的每一个上学日，一台计算机会告诉被试哈罗德今天的到校时间，通常是 8:20—8:40。接着被试会对哈罗德进行强烈表扬或批评——他们以为自己的反馈会被哈罗德接收到，但实际上，哈罗德并不存在——计算机显示的到校时间，由程序随机生成，没有规律可循。

作为旁观者，我们很清楚哈罗德是不可训练的，但在这项研究中，绝大多数被试在做完实验后仍相信自己的表扬或批评是有效的！

女儿："学生相信了不存在的因果。"

我："是的，虽然凡事皆有因果，但要清晰理解因果并非易事。在生活中，我们依据经验自动'得知'的因和果，多数时候并没有因果关系。就像我们前面提到的脑裂患者研究，左脑并不知道右脑发生的事情，被试不理解真正的因果，但会给出一个自认为最合理的因果。下面的研究，与脑裂患者研究有异曲同工之妙。"

什么决定了乔治的表现

无线电脑刺激先驱、耶鲁大学神经外科医生何塞·德尔加多在病人乔治大脑的运动控制区域暂时植入了一个电极，当他用遥控装置刺激电极时，乔治会不自觉地转头。乔治不知道这是遥控刺激的结果，于是当研究人员问他为什么转头时，他说"我在找拖鞋""我听到了一种声音""我闲不住""我想看看床下有什么东西"……

女儿："被试会一本正经地胡说八道。"

我："是的。要真的避免胡说八道，就得清晰地理解大脑'自动归因，也因此很容易犯错'的逻辑。我们已经看到，对简单、轻松体验的偏好，会让大脑犯错。除此之外，试图在无序中找到有序的偏好，也会让大脑犯错。"

女儿："无序是否就是指事物运作本身是无规律的？"

我："是的。在生活中，这种从无序中寻找有序的案例比比皆是，只是我们很少会主动留意。我给你做个示范，抛硬币。假设这是连续 7 次抛硬币的结果，试着预测下一次抛出来的结果会是什么。"

正 正 正 正 正 正 正……

反 反 反 反 反 反 反……

正 反 正 反 正 反 正……

女儿："好吧，我承认，虽然我知道每次抛出正面或反面的概率相同，但这些结果看起来真的很有规律，我会忍不住依照我理解的'规律'来预测。"

我："留意这一现象，我们清晰地知道每次抛硬币的结果都是独立的，大脑却忍不住分析过去的结果以试图找到规律，然后用规律指导下一次预测——这就是受困于感受而试图从无规律中寻找规律的逻辑。在这一逻辑的驱动下，我们很容易做出看似聪明实则愚蠢的行动。"

智慧竞赛，人类完败于动物

在一项典型的研究中，研究人员让被试（或者是人，或者是动物，如老鼠、鸽子）等在计算机显示器前，显示器上过一会儿就会有亮光闪动一下，亮光或者出现在左边，或者出现在右边。被试的任务是预测下一次亮光出现在哪边，预测准确会得到奖励。

在正式预测前，被试有机会多次试验，并得到一个确切的结论：每 10 次闪光中，有 8 次会出现在显示器的右边，2 次会出现在显示器的左边，但这一过程是随机的。

然后就是作为被试的动物和人表现的时刻了。老鼠等动物会在预测时每次都选择右边，这样10次中就有8次可以得到奖励。但人不同，人总想努力找到闪光内在的规律，然后依托于规律去预测。结果，老鼠的准确率是80%，而人的准确率平均会下降到不足70%——这取决于左边2次闪光能否早早地出现，如果不能，人的错误率会更高。

结果，上述实验呈现了一个让人意外的荒谬结论：人的智慧竟不如老鼠等动物的智慧。

但是，沃尔福德、米勒等的研究发现，如果人类被试的外侧前额叶皮层已经受损，那么，他们的准确率就会和老鼠的一样高！

女儿："大脑受损反而能变聪明？不可思议！"

我："你看，不了解生命内在的逻辑，我们会进行新的错误归因，即大脑受损反而提升了智慧！在生活中，即便是接受过各种科学训练的人，也会受困于经验和感受诱导的错误归因现象。统计学家霍华德·韦纳及其同事的一项研究的主题，是一个影响巨大的大型调查的结果。"

成功的院校有哪些特征

许多研究人员都对声名显赫的院校做了调查，结果发现：这些院校规模普遍偏小。比如宾夕法尼亚州的1662所院校中，有6所规模较小的院校排名进入前50——这比普通院校进入前50的比率高出了4倍。

看到这一结论，我们很容易为这些因果找到"合理"解释，比如小规模院校的学生更容易被关注、被鼓励，因而其学业成绩更好。事实上，这一大型调查的结果使得包括盖茨基金会在内的机构在小规模院校上投入了大量的资金，其他著名机构至少有一半采用了同样的策略，美国教育部甚至据此启动了一项"小型学习社区计划”。

但遗憾的是，霍华德·韦纳等指出：如果这些研究人员调查过学生的学业表现最差的院校的特征，那么他们会惊奇地发现这些院校同样有一个共同特征：规模较小。

因此，院校规模小会带来高质量的教学，这不过是虚假的因果逻辑！

女儿：“如此说来，生活中我们所坚信的很多因果都是有问题的。但你又说过，寻找因果以走出不确定性，是大脑运作的基本逻辑之一。既然如此，我们如何才能找到正确的因果？”

我：“走出因果陷阱需要深刻地理解世界、理解人性，我们正在探讨、观察的这一切，都属于理解行动的一部分。大多数人不愿意做这样的观察，它会让我们感觉麻烦，而行为的第一准则就是远离即刻之苦。在长期的研究中，哈佛大学的戴维·珀金斯发现，人们会采用第一种符合自己观点的论证，然后停止思考。他将这一现象称为‘讲得通’法则。”

女儿：“不求甚解是正常的？”

我：“当然，在无意识的状态下，我们一定会踏上追逐简单、轻松、愉悦体验而远离麻烦的道路，哪怕这种行动一直在伤害自己。”

女儿：“如此说来，你一直向大家传递的这些反常识信息，岂不是很容易被拒绝？你不担心自己想要呈现的观点不被人理解吗？”

我：“这就是为什么在与来访者互动时，或者在家长训练课中，我一直在尝试用对方真实的体验来展现生命运作的逻辑。现在，你理解自动追寻解释意味着什么了吗？”

女儿：“我已经很清楚了，这样做会错失事实并得到错误的因果，陷入此刻无知的状态。”

第五节

认知法则五：我是错觉的奴隶

我："是的，我们的认知是有局限性的，它会受困于各种错觉。比如著名的米勒－莱尔错觉就呈现了视错觉，与视觉类似，我们的生理特征决定了听觉、触觉以及体内感觉也都存在大量的错觉。当然，我们无力感知事实，更多是心理因素导致的。还记得透明人效应吗？"

女儿："什么意思？"

我："透明人效应指的是一种感觉，别人仿佛能洞悉我身上发生的一切，比如我的情绪、我的表现、我的需要、我的苦恼等。这种错觉，与另一种心理效应直接相关——焦点效应。"

焦点效应

焦点效应，即我们往往会把自己看作一切的中心，因此高估别人对我们的关注程度。

劳森设计了一项实验，他让被试穿上印有显眼字母的运动衫去见同学。约40%的被试认为同学会记住自己运动衫上的字。但实际上，只有10%的同学记住了，大部分同学甚至没有留意到它们。

我："透明人效应是焦点效应的伴生物。我们以为自己的情绪、需要能迅速被别人捕捉到，实际上很少有人能真正注意到我们的变化；而即便注意到，他们的理解也会与事实相差很多。”

女儿：“我明白了。我跟朋友在一起时，之所以有时会生对方的气，就是因为我觉得她应该明白我但那一刻她不明白。这就是透明人效应吧？”

我：“是的。这种效应的本质就是自我中心主义，它会导致频繁的人际冲突。这也是为什么人际互动中表达和倾听非常重要。”

女儿：“以自我为中心的人确实很难交到朋友。”

我：“当然。以自我为中心会导致两种麻烦，一是不理解他人会使对方产生糟糕的感受，这会让对方不自觉地远离我们；二是我们会错误地估计自己与他人的想法，比如我们害怕社交拒绝，因此不敢主动社交，但当对方不主动与我们互动时，我们看不到他们可能也在害怕，而是会说‘他们只是不想理我’或‘他们不喜欢我’。”

女儿：“有时在人群里，我也有这种感觉。那我该怎么办？”

我：“从我的角度来看，有意识地发现此刻的思维活动在伤害自己，然后自然地停止这种思维活动，开始去行动，比如主动向对方展露一个微笑，或者直接呈现内心的语言‘我想跟你打招呼但是又有些胆小，害怕被拒绝’，诸如此类，这就是处理方法。如果你没有相关体验，这种说法可能会让你心烦。我给你呈现一项研究，也许会对你有所帮助。”

如何远离焦点效应和透明人效应带来的伤害

萨维茨基等以 40 名康奈尔大学的学生为被试，让他们两两一组：一人担任演讲者，并在演讲后做出自我评定；另一人担任听众，从旁观者的角度来评定演讲者的紧张程度。

结果演讲者为自己评定的紧张程度（均值为 6.65，范围为从 0 到 10，0 表示不紧张，10 表示非常紧张），比搭档给出的评估（均值为 5.35）普遍要更高。

在这项研究结束后，他们又邀请了另外 77 名学生作为被试参与另一项紧张干预研究。

这些被试被分为 3 组，第一组不做任何干预，第二组、第三组要分别进行干预。干预前，首先唤醒第二、三组被试的紧张机制，比如告诉他们："我知道你们可能会很紧张，这是正常的……"

在唤醒紧张机制后，引导第二组被试做自我安慰 / 自我要求："你们不必过多地担心他人的想法……你们应该放松并做到最好；如果你们紧张，那就请你们放松下来"。然后引导第三组被试了解透明人效应："研究已经证明，当我们紧张时，别人并不会像预期的那样关注我们……如果大家觉得自己的紧张情绪很明显，其实它没有那么明显……记住这个，你们也许会紧张，会觉得自己的紧张情绪很明显，但它其实并不明显；如果你们紧张，很可能只有你们自己知道。"

结果，相比于前两组被试，第三组被试自我评定的演讲表现，与他人评定的演讲表现（包括演讲质量、放松程度）都会更好。

女儿："清晰地了解情绪，理解相关的心理机制，比控制情绪、漠视情绪更有用。"

我："是的。这就是我们为什么要更多地理解生命的逻辑。生活中，我们都希望自己能幸福快乐，但是，观察世界或自己时，我们却会受困于一种冲动，优先关注不完美的一切。于是，我们的生活反而显得很糟。"

女儿："我记得你以前的书中介绍过不完美效应，这又是一个认知逻辑导致的悖论？"

我："是的，它也被称为负性偏差效应。"

负性偏差效应：我们的认知会优先关注负面信息并增大其影响力

芝加哥大学认知和社会神经系统科学中心的主任约翰·卡乔波及其同事的研究发现：负性刺激会使血压、心输出量及心率升高，它会抓住我们的注意力，让我们的注意力更多地聚焦在负性刺激上，比如意大利面中的一根头发，或一锅汤中的一只虫子……比起识别正面情绪，我们更擅长识别负面情绪。

霍尔茨沃思等研究人员发现，已婚人士经常分析自己伴侣的行为，特别是他们的消极行为。其冷淡敌对的态度比温暖的怀抱更容易让伴侣思考“为什么”。那些婚姻不幸福的人，常常对伴侣的消极行为（比如约会时迟到）做出攻击性的、维持痛苦的解释，如“她迟到是因为她不在乎我”；而婚姻幸福的人则通常会做出保护性的、支持对方的解释，如“她迟到是因为堵车”。

女儿：“负性偏差效应会导致我们优先关注负面信息，这会让我们忽略事实进而使情绪变糟，糟糕的情绪反过来又会强化负性偏差效应……天哪，这又是一个死循环！”

我：“生命机制很复杂，即便在无意识中，也不会是死循环。我再给你看另外一项研究。”

被排斥的正面影响

罗伊·鲍迈斯特发现，当近期有过被排斥经历的人再获得一个与新朋友交往的可靠机会时，他们“似乎愿意并渴望交往”。

德瓦尔、莱金等的研究发现，被排斥的女生在新的社交中，会更容易注意到微笑的、赞同的面孔；被排斥经历也会导致人们无意中增加对他人行为的模仿，以此来建立与他人的联系。

女儿：“好吧，事情并非绝对的。”

我：“是的。在透明人效应、负性偏差效应之外，我们还会受困于另一种更强大的认知习惯——群体盲从。”

我们可以对危险视而不见

哥伦比亚大学的拉塔内等招募了一批大学生作为被试，让他们在一个房间里填写问卷。

有些被试被安排单独填写，有些被试则和另两个陌生人一起填写。

就在他们埋头填写问卷时，紧急情况出现了：浓烟从墙上的通风口吹了进来。

那些独自填写问卷的被试，几乎立刻（通常 5 秒之内）就发现了浓烟，然后他们犹豫了片刻，之后去报告了浓烟事件；而与他人一起填写问卷的被试，多数到了 20 秒以后才发现浓烟，不仅如此，那些 3 人 1 组的被试多数没有任何行动。在 8 组共 24 人中，只有 1 人在 4 分钟内报告发现了烟雾，在持续了 6 分钟的实验结束时，烟雾浓烈到使大家揉眼睛并咳嗽。尽管如此，8 组中只有 3 组各有 1 人去报告浓烟事件。

女儿：“我不理解，为什么人多的时候，大家反而不在乎浓烟，看不到危险？”

我：“我们是社会人，所以在认知世界并选择行动方案时，会参考他人的行为。面对不确定事件时，这种参考会有助于我们避免尴尬，但会导致我们的注意力偏离事实，无法做出应有的反应。在这项实验中，结果就是被试对浓烟视而不见，任由自己陷入危险。”

女儿：“这就是看到了却没注意到，或者即便注意到了，也因为‘担心自己会因与别人不同而出丑’，所以选择性地忽略了？”

我：“是的，这不仅涉及认知活动，还涉及注意与记忆的运作机制。”

本章结语

我们自以为生命充满逻辑，认知合乎理性。

在生命充满逻辑方面，我们是对的；但在认知合乎理性方面，我们彻底错了。

其实，即便在对的那部分中，我们也存在错误：因为生命内在的逻辑，与我们所知道的或者坚信的逻辑，截然不同。

我一直在试图呈现这种不同：我们会本能地维护自我，我们会选择性地接收信息，我们会在第一时间摆脱麻烦，哪怕这种摆脱会带来更大的麻烦，我们从来没有自由，我们一直活在过去，我们只是经验的奴隶……

自动为现实寻找理由以维护此刻的感受好，才是认知内在的逻辑。

在这一逻辑的控制下，我们会错过正在发生的事实，会身不由己地陷入生命的悖论以及无边的苦海。

值得高兴的是，任何时候，只要我们能清晰地理解这一切，有能力在生活中的某一瞬间发现事实并依托于事实调整行动，我们就有机会终结此刻的生命苦难！

第六章

注意的逻辑

——我们都有机会主动创造此刻的生命现实

第一节

生命现实由注意创造：事实从不伤人，但解读过程会伤人

女儿：“你多次提到注意，它的运作有什么逻辑吗？”

我：“这样的问法太过随意。留心一件事，我们在探讨生命运作的机制时，一直在尝试结合现实生活。离开了对生活的观察、体悟，离开了观察、体悟之后的反复实践，以及实践中的再次观察、体悟，单纯的理智层面的追寻没有任何意义。探讨注意力的运作逻辑也是如此。既然我们已经清晰地知道多数行为不是理智驱动的结果，那么轻飘飘地问一句‘逻辑是什么’，然后得到一个所谓的答案是帮不到我们的。我们需要做的是仔细地观察生活。我先给你分享一个案例。”

来访者案例：一切都是我的错

看到于老师布置的作业里有“死亡”这两个字，我就陷入了回忆，那种消失很久的自责和委屈的情绪又回来了。

从我 5 岁起，身边的至亲就接二连三地逝去，但我对他们的印象都是模糊的。唯有 12 岁的外甥因为救人溺水，让我一直痛苦自责。尽管没人怪我，但我还是很后悔，“要是当初我不让外甥扫地，他就不会跑出去……”。自责的压力，又会唤醒我的委屈，“那时我还不到 15 岁，能预测到什么？外甥本来就在家待不住，不是为了逃避扫地而出去的”。

我为什么会这么自责呢？也许与我 5 岁时妈妈去世有关吧！姥姥说：“你太爱

哭了，你妈就是被你哭死的。”我明知道姥姥是开玩笑的，但从那以后就会不由自主地自责，以至于我父亲去世、姥姥去世，甚至大姐夫去世时……我都会习惯性地自责，总能找到让自己后悔的地方。

这种自责情绪跟随了我 40 多年，成了我生活的一部分。上个月跟于老师学习后，我才明白所有的情绪都是被允许存在的，要能及时觉察到负面情绪的来临，然后在此刻用行动来迎接现实挑战。比如，当我看到“死亡”这两个字时，我开始无法呼吸，流下了眼泪，我立即觉察到我又有了自责情绪，我意识到自己在对无法挽回的事情后悔，于是我张开双臂，开始留意身体此刻的变化。当感觉到累并放下双臂时，我立刻有了回到现实世界的轻松感。

女儿：“这个人真的很惨。”

我：“什么让你得出这个结论？”

女儿：“她 5 岁时妈妈就去世了，后来爸爸、姥姥，很多亲人都相继去世。”

我：“你自然得到了一个结论‘她很惨’。然后你最强烈的体验是什么？”

女儿：“我为她伤心。”

我：“注意这里，你注意到了某些特定的信息，这些信息自然汇总成一个特定的结论，然后你的状态（或称生命现实）随之发生了变化。这就是注意最核心的逻辑，即注意会创造我们的生命现实。”

女儿：“就像这个来访者，她看到‘死亡’这两个字，与死亡有关的回忆就会自动出现，然后她会开始自责、后悔；当她注意到自己当时不到 15 岁时，她又开始委屈；最后当她注意到自己的悲伤时，便立刻去感受悲伤的身体，然后又回归平静……”

我：“是的。注意一直在创造我们此刻的生命现实。”

来访者案例：我在情绪的海洋中浮沉

昨晚我睡得很晚，今天中午才起床。

其实早上老公起床上班时，我已经醒了。看到他忙碌的身影，我心里有点儿愧疚。老公穿戴整齐，出门前例行亲我一口："老婆吃好睡好，啥也别想，有我在呢。"瞬间一股暖流席卷全身，那一刻我感觉好舒服，但没过一会儿就感觉更加愧疚。

中午起床后，我准备给盆栽喷水，却发现喷壶里没水，怎么也拧不开盖子，心里有点儿烦躁，感觉自己很没出息，孩子没养好，也不会照顾老公，一年没有工作赚钱，目前的我可以说是一事无成，感觉很挫败……

难受了一会儿，我换了手动的普通喷壶浇水，发现前几天尖部有点儿干的发财树貌似好了点儿，两盆绿箩又长了一点儿……慢慢地我平静下来。

我漫无目的地打开手机，新闻类 App 总是给我推孩子教育、青少年抑郁之类的话题，我有点儿烦，但还是忍不住点进去看，看了更烦……

女儿："确实，注意的落点变来变去，体验也跟着变来变去。但我有个疑问。每个人的生命现实，不应该是一种客观存在吗？如果真的是注意创造了生命现实，那我们不就成了唯心论者了？"

我："个体生命与现实世界确实都是客观存在的，不过我们所感知到的生命和世界与客观存在有着本质的区别。你知道'看不见的大猩猩'研究吗？"

女儿："是的，学校心理老师也给我们放过相关视频。"

我："那么视频中呈现的客观事实是什么？"

女儿："在志愿者传球时，场上出现了一只黑色的大猩猩，然后一个队员离开了球场了，有志愿者在笑……"

我："不错，这些都是那一刻的客观事实。那么接近半数的被试感知到大猩猩了吗？"

女儿："没有。他们在计算传球次数时，并没有留意到大猩猩的出现。"

我："你看，这就是'注意创造生命现实'。在生活中，由于生理条件的限制或注意运作机制的限制，我们会注意不到很多客观事实。实际上，我们所认知的客观世界，与真实的客观世界从来都存在着差异。"

派基效应：思维活动会干扰人们对现实世界的感知

1910 年，心理学家派基设计了一项实验：让被试面对一面白墙并想象自己看见了某些事物，比如一根香蕉或一片树叶。

在被试开始想象的同时，派基会用投影仪把要求他们想象的事物图像投影在墙上——在当时，这是一种被试完全不了解的全新技术。一开始这个图像非常模糊，被试无法将之辨认出来，但随着派基慢慢调高投影仪的亮度，画面会变得越来越清晰。派基发现，许多被试认为这是他们想象出来的香蕉或树叶，而没有意识到其实那是出现在墙上的一个投影画面。

但是，没有被要求进行想象活动的被试，却可以很容易看到墙上黄色的香蕉或绿色的树叶。可见，在这项实验中，那些看不到画面的被试并非真的看不到，而是想象带来了对所看到事实的忽略。

女儿："意识真的很有意思，明明看到了墙上的画面，却自以为那只是自己想象的。为什么有时候我们对事实一无所知，却自以为知道一切；而有时候我们明明可以清晰地看到或知道事实，却又自以为没看到或不知道呢？"

我："有意识的背后是注意问题，注意所引导的意识体验决定了我们的生命现实。当注意力资源投放不足时，我们感知到的现实很容易出现偏差。”

现实中的虚假组合现象

安妮·特里斯曼设计了一项实验：安排被试做注意选择任务，同时在他们的注意范围之外，短暂呈现了一个蓝色的正方形和一个红色的圆形，然后问被试看到了什么。很多被试说他们看到了蓝色的圆形和红色的正方形，这说明被试清楚地看到了蓝色、红色，以及圆形、正方形，但因为并没有真正地注意到，所以无法留意到真正的组合关系。

这一实验再次证明了研究人员之前提出的观点：要想把一个物体的各个特征组合在一起并如实看到这个物体，我们需要有意识地注意！

女儿：“大脑会自动编造现实，但我们对此并不知情。”

我：“是的。虽然我们自以为能感知到客观世界，但生理机制决定了我们做不到。我们能感知到的，只是我们此刻能注意到或希望注意到的。”

感觉阈限研究：感知能力是受限的

人类的感官无法感知到所有的刺激，只能对一定范围内的刺激做出反应。这个刺激范围及相应的感知能力，被费希纳称为感觉阈限和感受性。

德国莱比锡大学的教授恩斯特·韦伯是感觉阈限概念最早的实验验证者。其中一个实验，是让被试蒙上双眼并用一只手托着装有砝码的盘子。研究人员会向盘中悄悄地一点一点地增加金属屑，并请被试在感觉到重量发生变化时告知自己。

韦伯发现，正好能感觉到的变化，与重量增加的绝对值无关，而与相对值有关——能清晰感知到的点相对于背景重量的比例是恒定的，大约为 1/30。如果被试托举 1.5 千克砝码，就需要增加大约 50 克的金属屑被试才能清晰感知到；如果被试托举 15 千克，就需要增加大约 500 克的金属屑被试才能清晰感知到。这就是知觉的相对性特征。

与对重量的感知类似，我们对明暗、大小、多少、颜色、价值等要素的判断，都取决于相对值而非绝对值。

女儿："这些实验颠覆了'世界是客观的''我们能感知客观世界'等传统信念。说实话，这很伤人，这不仅让我感觉自己走向了唯心主义，更让我再次体验到'生命并非无所不能'带来的无力感。"

我："世界是客观的，但这并不意味着'我们感知到的世界是客观的'。人类的麻烦之一是过于执着于经验而自动忽略或不愿意相信生命现实。**现实从不伤人，但我们的解读过程会伤害我们**。'生命现实由注意创造'，只是一个我们理解不了或不愿意承认的客观事实，这与唯心主义毫无关系。理解了这一事实，就能知道我们曾探讨过的各种逻辑，包括负性偏差效应、透明人效应、证真而非证伪效应等，都是注意自然运作的结果。"

女儿："我感觉对生命运作机制了解得越多，就越觉得人类实在是渺小。"

我："不错，你有这种领悟非常难得。能在生活中发现人类渺小的事实，对我们的生活有益无害，这有助于我们停止各种违背规律的、盲目而有害的行为，比如我们一直在说的'不要走神'！"

第二节

走神：理解生命运作的机制，然后善加利用

女儿："'不要走神'这句话不对吗？走神会影响学习、记忆等很多事情。"

我："没错，走神会导致学习或工作效率下降，因此我们要有能力觉察并及时处理走神问题。但是，这不意味着我们能做到'不走神'。"

女儿："你是在赞同我还是反对我？"

我："在'走神会导致学习和工作效率下降，因此要处理走神问题'这件事上，我与你观点相同；但是，在'不能走神，要保持专注'这一点上，我与你观点相反。'不要走神'的实质，就是试图用理智控制生命现实。既然要控制，我们就需要理解控制究竟意味着什么。还记得我提过的高三学生上课走神、努力控制自己不要走神的案例吗？"

女儿："当然记得，控制自己'不要走神'，就是在走神。"

我："很多家长跟我做倾听练习时，会讲到下面的体验。'孩子说话时，我全神贯注，我告诉自己，我练习倾听这么久，一定要听明白孩子想表达什么，不能再像以前一样总是后知后觉；而当孩子悲伤、愤怒，开始指责我什么都不懂，永远理解不了他时，我就会赶紧道歉。'你明白家长在做什么吗？"

女儿："家长让自己听明白孩子说什么的过程，也是走神的过程；至于孩子声讨、家长道歉，那一刻家长也错过了孩子的失望、沮丧甚至愤怒，这些都是在走神。"

我："是的。你看，注意有自己的运作逻辑，不理解其运作逻辑，意志努力就会诱发新的悖论，它让注意在此刻由关注现实转向了关注经验（意志），这就是现

实与经验的分裂，也是新的走神的行动。用意志追逐‘不走神’，本身就是走神，这就是‘解决问题的方案正是问题出现并持续强化的诱因’。不过，我们要注意，注意会在现实与思维之间快速转移，这是生命运作的常态。”

来访者案例：为什么我没支持到孩子

孩子结束游戏，让我帮忙把书包拿到客厅，她要写作业了。

我看着全英文的物理试卷："这不是外教物理作业吗？老师不是说要另外给你布置作业吗？"

孩子有点儿着急："这是中教物理作业。"

我："中教物理作业也是英文题呀？"

（感觉我一下子点燃了孩子的火药桶。）

孩子："你怎么会不知道我的中教物理老师也用英文讲课？"

我："我真不知道呀。"

孩子："你怎么对我的事情这么不关心？"

我（努力争辩）："我怎么会对你的学习了如指掌呢？那些英文的数理化题我都看不懂。不过我总比你爸对你学啥了解更清楚吧？你也没这么要求你爸呀？"

孩子："你要和我爸比？他挣多少钱？你挣多少钱？"

孩子这话让我感觉很不舒服："这件事能用挣钱的多少来衡量吗？等到你 18 岁成年了，作为家庭成员也暂时没有收入的时候，爸爸妈妈还能因此就不对你好吗？"

我的话应该让她很不舒服，于是她立刻放下作业，回房间躺下，闭上眼，任我如何共情、解释、道歉，都不再开口。

女儿："孩子和妈妈，在这次互动中都走神了！"

我："不错。说说细节。"

女儿："孩子之所以走神，是因为她本来想做作业，但是妈妈无意识的干扰让她情绪变糟，于是无法继续写作业，开始独自生闷气。妈妈之所以走神，是因为她本来是要支持孩子完成作业的，结果在与孩子的互动中，不自觉地被感受牵引、被伤害，想维护自我的形象，于是她开始走神——从支持孩子转向质疑和攻击孩子。"

我："是的。在无意识的生活中，走神无处不在，我们会忘掉自己正在做的事情，转而身不由己地关注另一件事。就像我，经常会拿起手机就忘掉本来要做的事情。"

女儿："我很好奇，你天天教人如何处理走神问题，却还是会走神，这会不会让你羞愧？"

我："**生命运作的机制是不可抗拒的领域，我们需要理解它，然后在理解的基础上善加利用，以使它更好地服务于我们的生命**。在生活中，每个人都会走神。基林斯沃思等通过一款手机应用软件来研究被试的走神情况，结果发现，软件采集时被试正走神的比例大约为 46. 9%。鲍德温等让被试模拟日常开车的情况，结果发现被试在超过 70% 的时间里都在走神——模拟时间越久、经过相同路段的次数越多，走神就越频繁。"

女儿："走神是正常的？我们不需要为此羞愧？"

我："当然。试着思考一个问题，如果为之前的走神羞愧，那么这一刻，你是恢复了行动能力还是依然在走神？想要帮助他人，首先要清晰地观察并回答这一问题。**走神是生命运作的机制之一，它并不可耻；发现自己走神，然后拿回注意力继续做事，这才是那一刻我们真正需要采取的有益的行动**。如果我要求自己或来访者去对抗生命运作的机制，或者说去挑战'不可能'，那么我才会真的羞愧。"

女儿："你的意思是，不管我们怎么努力，走神都不可避免？"

我："是的。走神是由人类的生理特征决定的。"

第三节

走神是生理特征决定的：如何掌控自己的生活

注意运作的两种机制：自下而上与自上而下

自下而上注意指的是身体感知自动诱导注意投向的活动。每时每刻，视觉、听觉、嗅觉、味觉、触觉以及身体内感觉等，都在反映外部世界和身体内部所发生的变化，它表现为大脑初级感知系统的自动激活，接着，大脑更高级的感知加工区域以及负责执行功能的前额叶也会被激活。

自上而下注意指的是有意识地分配注意投向的活动。此时，注意依赖于大脑前额叶的思维指令而非内外刺激。比如当我们想完成某个任务时，我们会优先关注与任务有关的一切，而暂时忽略与任务无关的信息。

女儿："这个我知道。在红绿字词选择性记忆研究中，被试记住了要求记忆的绿色字词，却对没有要求记忆的红色字词一无所知。"

我："是的。'我要记住绿色的字词'，就是自上而下的注意指令。离开了这一指令，我们大脑的运作会自动切换到自下而上的模式。"

女儿："我们每天会经历很多事情，但能记住的事情很少，就是因为这个？"

我："不完全是。能否记住经历不完全取决于注意，还与记忆的运作有关。不过，生活中很多来访者体会到的什么都不想做、无法做，或行动拖沓迟缓，都与缺乏自上而下的注意引导有关——主动引导不足，注意就只能依赖于自下而上无意识的生理逻辑，而生理逻辑的核心是追逐简单轻松的体验及趋利避害的行动，这就是为什么很多人面对任何挑战都会感觉心烦、无法坚持。”

女儿：“也就是走神是意志缺位后的生理现象？”

我：“当然，我们一直受困于生物属性，在注意运作问题上更是如此。下面我们一起来了解下注意背后的生理机制。”

生理机制一：双眼竞争效应

虽然双眼接收的信息并不完全相同，但是大脑却能够将这些信息有机融合成一个统一的视觉图像。那么，如果双眼接收到的信息完全不同，我们会看到什么？

为解答这个问题，1838 年，英国科学家查尔斯·惠斯通制造了一台特殊仪器，它可以分别为被试的左右眼呈现两张不同的图片，比如一张图片是房屋，另一张图片是面孔。然后，奇怪的事情发生了。被试在报告自己看到的图片时，答案会在房屋和面孔间来回切换，而不是生成一个统一的视觉图像。其切换速度很快，通常面孔出现几秒后就会消失，然后房屋出现；再过几秒，房屋会消失而面孔再度浮现……

惠斯通认为，被试交替看到两张不相容的图片的现象，是双眼在彼此竞争意识知觉。由此，他将这一现象命名为双眼竞争效应。

后来，安德鲁斯、珀维斯、布莱克、洛戈塞蒂斯等大量的研究人员都证明了双眼竞争效应的存在。研究发现，它发生得远比我们想象中更为频繁。

有意思的是，如果我们转移视线，不再将注意聚焦于这两张图片，那么这种竞争就会自动停止，我们将同时看到这两张图片！

女儿："有意思，被试在无意识状态下可以同时注意到两张图片，而在有意识状态下却做不到。"

我："这就是为什么我们感知到的世界永远不是客观世界——与无意识状态下可以同时关注全局不同，有意识状态下每一刻只能优先关注特定的局部。"

生理机制二：注意瞬脱现象

雷蒙德等设计了一项实验，要求被试盯住屏幕，屏幕上会闪现 10 张图片：2 张图片展示的是数字，8 张图片展示的是字母。被试的任务就是识别出现的 2 个数字。

研究发现，如果第二个数字与第一个数字出现的时间间隔为 0.3 秒左右，那么被试识别第二个数字就会变得非常困难，在这种情况下，大多数被试只能看到第一个数字；但如果第二个数字与第一个数字出现的时间间隔拉大，被试就一定能识别这两个数字。

这就是注意瞬脱现象。看到第一个数字后，大脑前额叶会努力工作，试图记住第一个数字——脑电图技术测量会显示前额叶 P300 脑波的出现。这种大脑加工过程，会导致第二个数字被前额叶自动忽略——研究中，第二个数字没有引起前额叶 P300 脑波活动，也因此，我们在有意识状态下无法注意到第二个数字。

注意瞬脱现象清晰地说明了一件事：当我们有意识地关注一个任务时，其他与任务无关的信息都无法被我们注意到。研究发现，这种对新信息注意能力的丧失，大概会持续 0.5 秒。这就意味着，我们的注意被捕获后，最短的损失时间是 0.5 秒——超过这个时间，我们注意的焦点才有机会重新回来。

女儿："我知道了，有意识的注意需要动用大脑前额叶，当一种加工活动占据了前额叶时，其他的信息暂时就只能等待而无法进入意识。”

我：“理解了注意运作机制，我们会走出很多无谓的冲突。比如有些来访者会抱怨同伴、父母针对自己或听不懂自己在说什么，一些父母也会抱怨孩子不懂礼貌、固执己见，这些其实都源于注意力资源不足导致的行动表现弱化，而非我们误以为的对方的认知、态度、道德感、责任感等有问题。”

女儿：“确实，理解不了就会得到错误的归因，从而采取有害的行动。”

我：“在成长过程中，父母、老师会教我们很多知识，但很少有人能带我们理解自己、理解生命。而缺乏有效的理解，我们就很容易背离生命的规律，陷入自我冲突或与他人的冲突。”

女儿：“你说过，大脑讨厌冲突。”

我：“因为冲突必然诱发不安，不安会导致失衡，而生命会自动追寻平衡，所以我们的大脑会厌恶冲突并试图第一时间处理它们。这里我们提到的双眼竞争效应以及注意瞬脱现象，都是大脑自动化处理冲突的模式，即让图片交替呈现，让信息排队等待。”

女儿：“我不知道你的感觉，但我又体验到悲哀感了，既然注意的运作完全不受我们个人控制，那我们该如何掌控自己的生活？”

我：“我说过，一知半解和无知一样，都会让我们陷入生命的苦难。你提到掌控自己的生活，那我问你，你可以让自己年轻 10 岁吗？”

女儿：“那怎么可能？”

我：“你看，你理解了什么是不可控的，那么无法控制年龄这件事会伤害你吗？”

女儿：“不会。”

我：“是的，你不会受伤，因为你清晰地理解了年龄运作的逻辑，所以不会让自己的要求背离逻辑。回到注意运作问题上，你清晰地理解了注意不可控，那么注意不可控的事实会伤害你吗？”

女儿：“你说过注意创造生命现实，那么注意不可控，不就意味着生活注定要变得不可控吗？”

我：“当然不是。我们说过，注意包含了自下而上的生理机制和自上而下的意志机制。自下而上的生理驱动部分，确实不可控；但自上而下的意志驱动部分，蕴含着人类区别于万物的智慧，它从来都是可控的。在生命的每一刻，清晰地理解逻辑并观察发生了什么，进而识别正在发生的事件意味着什么，然后依托于逻辑，带自己远离伤害并靠近生命的渴望，这些都是自上而下的意志机制可以做到的。”

女儿：“我们还需要理解更多的逻辑，并持续唤醒意识？”

我：“**对逻辑的理解，多多益善**。离开了清晰理解带来的有意识，我们与时刻受困于生命本能的动物将没有任何区别。不过，理解逻辑、运用逻辑，是一个持续的过程，它没有终点。”

第四节

注意捕获：清晰的理解、当下的觉察、清醒的行动

我："我们已经看到，由于生理层面的限制，每一种刺激或感知都在争夺我们此刻的注意力。这就导致我们身不由己地走神。我们已多次谈到，解决问题的核心是清晰地理解问题。现在，我带你了解走神背后 4 种核心的注意运作逻辑：习惯化效应、概率法则、注意捕获现象以及注意稀缺原则。"

逻辑一：习惯化效应

眼、耳、鼻、舌、身五种感知系统，以及身体内感知系统，持续不断地向我们传递着身体内外的刺激。这些刺激，有时可以唤醒注意，有时却无法唤醒。这种差别的背后，有一种重要的力量——习惯化。

普夫莱德雷尔等人利用功能性磁共振成像仪观察刺激与大脑活动的关系：向被试提供不间断的听觉刺激。一开始，负责听觉感知的大脑区域会高度活跃；但随着刺激的持续，这些区域的活跃度会下降。这就是注意的习惯化效应：当感觉神经元持续暴露在某种刺激之下时，它们的活跃度就会下降，于是我们会丧失对刺激的感知能力。

女儿："这个我深有体会。一开始，学习时如果放歌，我会特别受干扰；但后来如果学习时没有歌声，我反而不太适应。"

我："这就是习惯化效应，对生活中常见的事物，我们会逐渐习惯，并因此无意识地忽略它们。古往今来，很多智者会为此感叹'人类不知道珍惜自己所拥有的'。"

女儿："忽略已拥有的，却渴望得不到的，这种悲剧原来是注意运作的必然结果！"

我："是的，它是走神的结果，几乎每个人都会受困于此，所以生活才充满缺憾。"

女儿："确实，总是关注自己没有的或得不到的，会让我们很痛苦。但我们之所以会努力，不也是因为渴望拥有不曾拥有的吗？"

我："错误的因果，会带来有害的错觉。实际上，努力不是痛苦的产物，珍惜所拥有的也不会让我们丧失前进的渴望。其实，在轻松愉悦的状态下，我们一样会努力，而且努力的效果会更好。"

逻辑二：概率法则

双眼竞争效应的实质，是注意运作的概率法则：面对一种模棱两可的刺激，意识会交替呈现每一种可能。

亚历山大·普热等为被试呈现两个叠加在一起并向不同方向移动的光栅，此时，被试的大脑无法分辨哪一个光栅在前、哪一个光栅在后。但有意识知觉不会呈现这种无知，它只会呈现其中一种可能的解释——某一方向的光栅在前，几秒后再呈现另一种可能的解释——另一方向的光栅在前。注意在每一种可能的解释上停留的时间，与这种解释出现的概率是直接相关的。当然，这种概率计算由无意识知觉主导，有意识知觉无法干预。

概率法则表明，即便我们在一个不确定的情境中有意识地感知到其中一种解释，大脑仍然在思考所有其他解释并时刻准备改变主意。也因此，每时每刻我们注意到的仅是整体样本中的一个。这会造成一种矛盾的情况，即意识视觉所用的取样方式会使我们永远无法看到整体内部的复杂性。

女儿："这下我真的知道为什么自我压迫、漠视或自我安慰、说服没用了！因为无意识的大脑活动会关注所有可能，它会自动把我们试图压制、漠视的信息推送到意识的范畴！"

我："是的，这就是身不由己——无意识会诱导意识关注特定的信息，无论我们喜不喜欢、愿不愿意，这件事都会自动发生。心理学研究中的特克斯勒消逝效应和运动致盲现象，呈现的都是这一事实。"

女儿："控制注意会导致意识范畴外的世界消失；一旦取消控制，那消失的世界又会重新进入意识。"

我："不仅如此，在有意识地忽略之后，注意会优先关注被忽略的信息。这就是注意运作的第三个逻辑——注意捕获现象，注意会优先关注生命中稀缺、重要、被压制或被刻意忽略的需要。"

逻辑三：注意捕获现象

在认知心理学中，"鸡尾酒会效应"广为人知：我们可以在嘈杂的环境中清晰地听到互动对象的语言，而自动忽略其他环境信息。

但是，如果此刻嘈杂的环境中出现我们熟悉的信息，比如有人说到我们的名字，哪怕我们正全神贯注于眼前的互动，注意也会不由自主地被捕获："让我看看谁在说我的名字，让我留神听听他都说了些什么……"

女儿："确实。我很在意别人说我什么。"

我："这就是'自我'的影响——注意会被与'自我'有关的信息自动捕获。很多人说自己很痛苦，原因也在于此。在丧失了注意灵活性后，他们会身不由己地关注各种与'自我'相关的负面信息。"

注意捕获的原则：大脑会优先关注"它认为重要"的信息

马丁内斯 - 康德等人的研究发现，人类视觉的焦点，从来不是固定的。如果用视线跟踪仪测量，会发现视觉的焦点每秒会转移 3~4 次。这种转移呈现了一个事实：注意会持续扫描环境，并优先投向新奇、有趣或我们觉得"重要"的刺激。在研究中，戴维・汉密尔顿和罗伯特・吉福德验证了不常见的信息捕获注意的能力。与此同时，艾肯鲍姆等人的研究证实了另一件事：原本能吸引我们注意的事物，随着关注次数的增加，所激活的脑神经元的活跃程度会自然减弱——重复关注降低了刺激对注意的捕获能力。

同样，在关注外部信息之外，注意也会优先关注内在的变化。这就是为什么胃疼、头疼等体验会迅速捕获我们的注意。

女儿："走神确实不可避免，它是一种无意识的选择性注意行为。"

我："当然，生活每时每刻都在变化，我们无法控制自己身上的变化，也无法控制环境中的变化，它们都有机会即刻捕获我们宝贵的注意。爱德华・铁钦纳在探讨注意捕获现象时说：'有一些我们不得不注意的现象，它们会像暴风雨一样卷走我们的意识。'荷兰心理学家杨・斯维斯在一篇文章中也指出了这种注意捕获现象：'我们的眼睛并不总是看向我们希望它们看的地方。'克雷默的研究结论虽然暂时没有成为共识，但他发现，这种注意捕获现象似乎会随着年龄的增长而越发明显。”

女儿：“走神不可避免，那我们可以做些什么？”

我：“真的理解了走神的机制，我们就会发现它并不可控，那么，处理走神问题的行动就很简单，在走神的那一刻，有能力发现走神，进而发现并处理所有自动化、消极的评判，然后拿回注意，继续做事。”

女儿：“听起来真的很简单。”

我：“但做起来会很难，它需要反复练习。现在，我们接着了解注意运作的第四个核心逻辑：注意稀缺原则。实际上，这是注意捕获现象的一个特例。”

逻辑四：注意稀缺原则

生命有很多不同的需要。我们会优先注意对生命至关重要却未得到满足的需要，比如自主性。

在一项研究中，研究人员让被试反思自己在最近一周感受到的自主程度，以此来唤醒被试对自主性的渴望。接下来，研究人员为被试提供了一系列可选的活动，其中有些可满足自主性需要，如“想创造一种生活模式，其他人不能向我施压，我想做什么都可以”；有些则与自主性需要无关，如“我想找到灵魂伴侣”。然后，研究人员让被试自主选择对哪些活动更感兴趣。结果发现，最近一周自主性需要没得到满足的被试，更容易选择可满足自主性需要的活动。

女儿：“我朋友圈里有些人跟父母的关系特别恶劣，我听过他们写的歌，他们在歌里指责、埋怨父母，并且认为活着没意思。这是不是因为亲子关系的问题导致他们不由自主地关注与父母的互动？”

我：“是的。如果你真的注意到了，会发现困扰我们的从来都是我们渴望却得不到的。比如不被认可，会导致我们更渴望被认可；成绩不好，会导致我们更渴望取得满意的成绩；不快乐，会导致我们更渴望快乐的体验…… 所有对生命至关重要却因为稀缺而得不到满足的需要，都会不由自主地占据我们的注意。在著名的明尼苏达饥饿实验中，每天吃不饱肚子的被试，会身不由己地想到与食物有关的一切，这导致他们开始厌倦饮食之外包括社交在内的一切活动。”

女儿：“这样说来，现在节食减肥的方法会有问题？它会导致我们的注意被食物占据？”

我：“从研究和现实的角度来看，这个结论暂时都是成立的。哥伦比亚大学教授迈克尔·罗森鲍姆等研究人员借助功能性磁共振成像仪，以体重减轻的节食者为被试，比较了他们在看到食物和非食物时的脑部活动。结果发现，被试看到食物时，负责情绪、感官知觉的神经系统活动有所增加，而控制摄食的认知系统活动有所减少。换言之，体重减轻后节食者的意志变得薄弱，他们会想要吃得更多且更难控制自己对食物的情绪反应。法国尼斯大学的拉德尔等人的研究，也证明了这一点。吃过午饭或饿着肚子的被试，在完成字词识别任务时，表现相当，除了当需要识别的字词跟食物有关时，饿着肚子的被试会识别得更快。在心理服务过程中，我曾经遇到几个节食的高中来访者，她们共同的特征是会被美食或零食吸引，尤其是遭遇挑战时。其中有个姑娘，严重时每天会两次暴食催吐。她在遇到压力时，会大量购买零食，用很短的时间吃完，再迅速催吐，最终会因为过度疲劳而躺下休息，压力看似得到缓解……但事实上，很快她会体验到新的压力，然后需要再一次重复这个过程。这些案例，都反衬出我们反复强调过的事实——生命有自己的运作规律，意志无法干扰。”

女儿：“无论生命存在所需要的睡眠需要、饮食需要，还是精神满足所需要的自我发展需要、社会认可需要，都不能被压制或漠视，而要用行动去满足它们。否则，无论如何努力，它们都有可能牵扯我们的注意。”

我："是的。这种自动却又持续不断的牵扯，不仅会导致我们的行动效率下降，还会让我们身心俱疲，不堪重负。"

女儿："不过，上周五放学前模拟考试时，因为中午没吃饭，我写得很快，是第一个交卷的。"

我："不容易，你竟然享受到了注意稀缺带来的好处——让我们适度紧张，从而提高反应速度。"

女儿："是的，虽然交卷最早，但我依然拿到了最高分。"

我："**生命的运作确实很微妙，需要我们放下经验，仔细观察究竟发生了什么**。在稀缺事物占据注意这件事上，我们还需要注意之前提过的感知剥夺实验，它展现了注意运作的另一个核心机制——感知觉补偿。"

女儿："什么意思？"

我："在那项实验中，很多被试都遭遇了视觉、听觉、触觉等方面持续的错觉干扰。"

女儿："当真实感知被剥夺时，大脑会自动虚拟出某些感知？"

我："是的，这就是稀缺导致的注意定向与感知觉的自动补足。实际上，如果不了解这些学生全是经过严格筛选的健康被试的情况，仅看他们的描述，很多医生会认为他们患有精神疾病。"

女儿："真的很有意思。不理解生命的运作机制，很容易被人伤害或自我伤害。"

我："是的。在生活中，当你真的理解了发生的事情，清晰地看到是什么在伤害自己时，你会做什么？"

女儿："我又不傻，当然会迅速远离伤害了。"

我："这就是生命的智慧：清晰地理解，然后据此采取趋利避害的行动。就像我们会利用火与电，但同时又会小心避免它们的伤害一样，当我们清晰地理解了注意运作的机制，我们一方面会继续让它们发挥作用，造福生活；另一方面又因为清晰地知道在某些情况下它们是有害的，我们就可以有意识地避开伤害。”

女儿：“你不是说过趋利避害是本能吗？”

我：“当然。但是，在生活中，我们一直在呈现一个事实：本能所理解的‘利’与‘害’，经常是与事实颠倒的，这就是‘自以为无所不知实则一无所知’。什么能带我们走出颠倒，走出‘无知’，真正让趋利避害成为生命的助力而非阻力？答案只有一个：**清晰的理解、每一刻的觉察，以及觉察后清醒的行动**。”

女儿：“只有有意识的注意，或者自上而下的注意，才有机会蕴含着理解和觉察？”

我：“确切地说，是**有意识的注意比无意识的注意更有助于我们走向渴望的生活**。在无知无识中，我们只能被动地接受生活，就像植物人，离开了有意识的注意，虽然可以存活，但无法展现任何生命智慧！相反，当我们理解了生命会受困于自下而上的注意捕获，进而在生活中清晰地发现自己的注意被捕获，并由此开始有意识地走出被捕获状态。拿回注意力和行动能力时，我们就有机会展现生命的智慧。关于如何走向智慧，我再给你分享一项实验。”

返回抑制：智慧蕴含于接纳而非控制行动中

法国图卢兹大学的西蒙·托珀及其同事的研究发现，在人脸和风景照片中，人类被试更喜欢人脸照片。他们要求被试盯住计算机屏幕的中央，然后短暂地在屏幕左右两侧同时呈现人脸和风景照片，让被试用最快的速度看向人脸或者风景照片。结果被试只用了不到 0.1 秒的时间就把目光转向了人脸照片的那一侧，其速度远远快于转向风景照片的那一侧。在此基础上，波斯纳等人设计了另一项实验：要求被试将视线（即注意力）放在屏幕中央，然后在观察两侧的风景或人脸照片之后，在照片消失的那一刻，研究人员时不时把其中一张照片换成一个绿色的圆形，并要求被试在看到绿色的圆形时尽快按下按钮。

波斯纳等人发现：当圆形出现在人脸照片那一侧时，被试的反应速度通常会很快；但是，如果圆形出现的时间被推后，在人脸照片消失大约 1/4 秒后才出现，那被试会需要更长的时间才能按下按钮——这跟圆形在人脸照片消失后迅速出现时的情况恰好相反。这种现象被称为返回抑制：注意力在人脸照片消失后会自动返回屏幕中央，而且不会轻易回到刚刚离开的地方！这说明注意的焦点天生不爱待在同一个地方，而是喜欢转移。

女儿：“这跟生命智慧有什么关系？”

我：“你看，生活中，我们会努力地控制自己，让自己不要体验痛苦，或不要想特定的念头，但这种控制，反而让我们的情绪变得更糟。一旦理解了注意的返回抑制现象，我们自然就会知道：**‘如果我不再抗拒，而是去关注念头，去关注体验，那么注意力会自然地远离它们，让我有机会重新拿回主动权。’**”

女儿：“我大概知道了，用行动获得注意对特定刺激的关注，才能拿回注意力。”

我：“是的。注意有自己的运作机制，它喜欢追逐美好、新奇、刺激、稀缺，厌恶单调、重复、无聊；它喜欢寻找能支撑此刻情绪或自身信念的信息，厌恶会带来挑战、‘我错了’的感觉的信息；它会优先关注生命的任务，但也会随时被突发事件带走……注意投放于何处，直接决定着我们的生命现实。也因此，**生命要走向智慧，最重要的事情之一，就是拥有灵活的注意投放能力**。”

第五节

重建注意灵活性：识别并处理与痛苦相伴的无意识生命活动

女儿：“确实，我也希望自己的行动能充满智慧。至少，我不会再认为走神是有害的、羞耻的，也不会再恐惧它的出现了。”

我：“是的，走神会影响我们有意识的行动，但它是生命无意识运作的自然结果，这并不一定会带来痛苦。实际上，大多数时候，无意识都在有效服务于我们的生活。但与无意识并不一定会带来痛苦相反，心理痛苦体验却一定会伴生于无意识的生命活动——只要稍加留意，我们就很容易发现当陷入心理痛苦时，我们大脑会做各种无意识的回忆、分析、评判等活动。也因此，我们才需要识别并处理与痛苦相伴的无意识生命活动！”

无意识注意会诱发偏见

我们可能都体验过一件事：与众不同的特征会成为众人瞩目的焦点。

比如走在乡村集市上的一位金发碧眼、身材高挑的姑娘，繁华街道上的一个衣衫褴褛的乞丐，一位身处女性群体中的男性，或者一位身处男性群体中的女性……都会显得比较突出，有视觉影响力。

克罗克、泰勒等人各自的研究都表明，一个受人瞩目的人，其优点、缺点都会被放大。菲斯克等指出，当群体中某个人变得显而易见（显著）时，我们倾向于认为发生的所有事情都是这个人引起的。吸引我们注意的人，似乎需要对所发

生的一切承担更大的责任。

女儿：“这个我深有体会。我是乐队的主唱，如果乐队表现不好，我会觉得都是我的问题。”

我：“是的，偏见源于无意识状态下经验的影响。在生活中，我们总是自认为清醒且有意识。其实，有意识状态包含两种，一种是真正的有意识，另一种是自以为有意识实则无意识。真正有意识的状态并不常见，它表现为能清晰地描述此刻正在发生的变化细节，不管是内在的身体体验与思维体验，还是外在的客观世界或身体姿态、行为。在这种状态下，我们的体验无所谓好坏，只会充盈着轻松、自然的惬意。相比之下，自以为有意识实则无意识的状态就更加常见，比如当我们说‘我渴望社交’却身不由己地远离社交活动甚至足不出户时，当我们说‘我希望考得更好’却身不由己地远离一切学习行动时，当我们说‘我知道情绪不能被控制’却持续控制自己的烦躁、悲伤、愤怒情绪时……在所有这些场景下，所谓的‘我知道自己在做什么’都不过是胡言乱语，那一刻我们就活在无意识中。”

女儿：“要回归有意识，我们就要通过练习，去更多地发现此刻尤其是痛苦时无意识的状态？”

我：“是的。培养对生命的理解能力，培养即刻的觉察能力，都会让我们有更多机会从无意识走向有意识。这不容易，但**任何时候，只要能留意到此刻自己体验的细节，留意到自己注意停留在哪里，我们就是在摆脱无意识，踏入有意识**。”

女儿：“仅仅留意就可以吗？不需要再做点儿什么？”

我：“很多来访者或父母会问我觉察之后要做些什么呢？其实，觉察本身就是最有效的处理行动，不需要额外再做什么。”

女儿：“你是说‘**觉察而不处理，不期待任何结果’反而会有结果**？”

我：“当然。很多练习者会问我，不期待结果怎么可能有好的结果？你能理解期待意味着什么吗？”

女儿：“期待出现的那一刻，注意就会离开现实进入经验，从那一刻我们就开始一心二用，也因此会丧失如实面对并觉察挑战的能力。”

我：“要想终结生命的困境，我们就要有能力摆脱经验的束缚，这需要构建三种全新的能力：**一是对即刻生命现实被动却敏锐的觉察，二是在觉察的基础之上深刻理解生命运作机制，三是在敏锐觉察和深刻理解后做出自由行动**。”

本章结语

在生活中，我们可能会受困于糟透了的生命现实，却不知道这些现实只是注意运作的特定结果——当我们的注意重获自由时，生命现实也会随之改变。

很多人会因走神而羞愧不已，却不知道走神是生命的常态，它是注意运作机制的一部分——当我们发现自己走神，然后让注意回归手上正在做着的事情时，走神已被自然解决。

我们会说“我能注意到发生了什么”，却不知道此刻注意已经离开现实，回归了经验范畴——于是我们要么走向自负、傲慢，要么走向无力、悲伤。但下一刻，如果我们能发现自己的傲慢或无力，能发现它们蕴含的体验细节，那么，虽然不会说“我知道此刻发生了什么”，但那一刻我们是真的知道发生了什么。

在注意运作逻辑中，我们得到的坏消息是，注意的投向会即刻改变我们的生命现实。好消息是，注意被投向何处，是可觉察、可练习的领域。因此，在任何时候，我们都有机会主动创造此刻的生命现实。

只要有能力真的回归有意识，我们就可以终结此刻的心理苦难。

第七章

记忆的逻辑

——我们一直活在过去而非现在

第一节

记忆是过去经验的产物，累积经验就是背负过去

女儿："你反复说经验的束缚，感觉无论感受、行为，还是认知、注意，都受到经验的影响。"

我："是的，我们一直在累积并运用经验。因此，如果我们想清晰地理解生命逻辑，就要更多地理解经验。"

女儿："你也说过'一切心理痛苦都源自注意回归了经验'，这是说经验是有害的吗？"

我："当然不是。我的话呈现的是事实，但你对事实做了分析加工，所以才得出'经验有害'的结论。其实，经验无所谓好坏，就如同日月山河对人类无所谓好坏一样。只是，经验会作用于人的生活，因此会带来此刻对生活的支持或伤害，这也如同日月山河会带来风调雨顺或自然灾难一样。"

女儿："也就是说，伤害的出现并非因为经验本身有问题，而是因为它与我们的关系出现了问题？"

我："不错，这就是客观的表达了。要理解经验的逻辑，我们首先要理解经验的属性，它是过去的产物。之前我们已经看到一个事实，注意无法同时关注两个认知任务。当注意离开现实而投向经验时，我们自然会进入'活在过去而错失了此刻'的状态。"

女儿："'活在过去而错失了此刻'？"

我："我带你看一个来访者的分享。'老师你好。昨天我做了个梦，梦里面有

两个老师嘲笑我休学。我二姑问我怎么了，是不是又遇到什么困难了。我哇地一声就哭了出来，说老师写了两首诗来嘲笑我。可能是梦里太过于委屈和悲伤，我醒来的时候仍不停地哭，不停地流泪，一上午什么都没做。'"

女儿："我明白了，虽然她已经清醒，但梦里的场景依然在影响她，所以她沉浸在悲伤中而无法继续自己的生活。"

我："是的，这就是'活在过去而错失了此刻'。前面我提到过的偏见，就是受困于经验而错失此刻的产物。"

我们满腹偏见却毫不自知

戴维·汉密尔顿与特伦斯·罗斯让加利福尼亚大学圣芭芭拉分校的大学生阅读一些句子，句子采用了各种形容词来描述对不同职业的人的认识，如胡安是一名会计，胆小害羞，却细致周到。

通过精心的编排，研究人员确保了一件事：这些句子对每种职业的描述，所使用的形容词的频率都是相同的——会计、医生、推销员均按相同的频率被描述为胆小害羞、富有、健谈。

但阅读后的测试表明，大学生们认为他们看到了更多的有关会计害羞、医生富有、推销员健谈的书面描述。

女儿："确实，如果我讨厌一个人，哪怕对方在对我笑，我也会觉得不舒服。不过，如果这是活在过去，那什么是活在现在？"

我："既然我们已经发现依托于经验的左思右想只是过去的产物，那么相对应地，不再依托于经验的如实感知，就是活在此刻。"

练习真的很累

我半蹲下来，最先感觉两个脚掌特别用力才能支撑身体，接着就是大腿肌肉、小腿肌肉都紧绷着，大腿发酸、发麻，然后膝盖开始疼痛。

真是太累了，我站起来缓了一两分钟，然后重新开始。这次首先是膝盖疼痛，接着是大腿肌肉发胀、发酸、发麻，小腿也开始发酸、发麻，腿有些发抖，肚子绷得紧紧的，呼吸变得粗重，心脏在怦怦地跳，面部开始发热……

女儿："要想活在此刻，真的很难。"

我："其实不像这个练习呈现的这么难，吃饭时专心吃饭，走路时好好走路，其实就是活在此刻。不过，我说过人类的天性是忽略习惯的一切而关注未曾拥有的。因此，数千年来我们一直在练习累积经验，然后利用经验面对即刻的生活，我们称之为'成长'，却不知道这也是在强化经验，弱化我们活在此刻的能力。但我们已经清晰地看到，一切痛苦，都源于此刻丧失了与现实接触的能力而活在了过去。"

来访者案例

来访者："于老师，我特别担心未来我会饿死。"

来访者的爸爸："已经告诉你很多次了，怎么会饿死呢？不要总是瞎想！"

我："跟我说说，你怎么会饿死？"

来访者："你看，我现在高三了，但我没有办法专注地复习，我学习不好……"

来访者的爸爸："你怎么学习不好，你的排名还是全校前十啊。"

来访者：“可是已经不如以前了，我现在都是啃老本，到高考时我怎么办？”

我：“嗯，很多事情需要你担心。你接着说你怎么会饿死？”

来访者：“学习不好，我就担心自己考不上好大学；考不上好大学，我就找不到好工作；找不到好工作，我就养活不了自己，得在街上流浪；在街上流浪，我不就会被饿死吗？”

女儿：“这个来访者在说什么？”

我：“这是活在过去的一种特殊形式——预测未来。在这段话中，来访者一直在预测未来。当然，预测是基本的认知活动，它决定着我们能否适应这个世界。也正因为这种预测，她不自觉地成了过去不愉快经验的奴隶。”

女儿：“预测不是在考虑将来吗？为什么也是活在过去？”

我：“仔细留意，一切思维活动，都是经验的产物。而经验的属性是过去，因此依托于经验的思维活动，包括预测，都意味着此刻我们活在过去。”

女儿：“这太偏激了，如果说回忆过去是活在过去，思考未来也是活在过去，那我们每天都活在过去了？”

我：“不错，为什么小宝宝可以无忧无虑地生活，而成年人却每天步履沉重？原因就在于我们一直在积累经验，也因此在生命的路途上时刻背负着过去的重压。我不知道这一刻你能不能感受到分析带来的无望？”

女儿：“确实，看不到出路。”

我：“不要浪费这一刻的感觉！分析带来的无望，核心不在于无望，而在于分析。是分析唤醒了无望感，这就是无望感的根源——立足经验的特定分析活动。理解了无望感的根源，你会明白走出无望很简单，只要此刻有能力摆脱带来无望的经验与分析就好。这就是无望的终结！你读过叶公好龙的故事吗？”

女儿：“读过，但没什么感觉。”

我：“跟我一样。叶公好龙的故事，我一直不理解有什么意义。直到后来我惊奇地发现，原来每个人都是故事中的叶公，语言上，每个人都说希望了解生命的真相；但行动上，几乎所有人都会畏惧并漠视真相，我们宁愿活在错觉中，只要它能让我们更轻松。为什么几千年来人类一直在努力追逐自由，却始终不得自由？努力追逐安全，却始终得不到安全？原因就在于我们甘愿活在经验世界里。”

女儿：“但你也说过，学习就是累积并强化经验的过程。如果想摆脱经验的束缚，那我们就不能学习了？”

我：“学习有两种不同的模式。一种是知识学习，它会累积并强化经验，这可能会让我们生活得更好，也可能会让我们陷入苦难。与知识学习不同，另一种学习是能力学习，它带来的不单是经验的累积，更是即刻的行动。我一直在说的清晰的觉察、深刻的理解以及即刻的行动，就是能力学习。”

女儿：“你是说，要走出经验的束缚，不是不学习，而是要进行能力学习？”

我：“是的。当我们真的有能力从单纯的知识学习，转向知识学习兼顾能力学习时，生命的局面会焕然一新。”

第二节

生命现实是注意的产物，也是工作记忆的产物

女儿："能力学习能帮我们摆脱经验的干扰？"

我："当然不能。离开了经验，我们会丧失理解并适应世界的能力。其实，能力学习本身也是经验学习的一部分。只是这种学习不再仅仅是累积经验，而是让我们理解生命运作的机制，让我们有能力第一时间看到包括经验在内的控制生命的力量，进而有机会摆脱其无益的束缚。回到记忆的逻辑上，我们需要进一步理解记忆如何作用于生活，这就需要我们了解短时工作记忆。"

短时工作记忆决定了注意投向

钟及其同事安排被试回忆自己所做过的道德 / 不道德事情的细节，之后让被试用字母填充单词中的空格，这些单词可以被填充为清洁相关的词或者其他词。比如 w__h、sh__er、s__p，可以被填充为 wash（清洗）、shower（沐浴）、soap（肥皂），也可以被填充为 wish（愿望）、shaker（搅拌器）、step（脚步）。

研究发现，做填词任务前，被安排回忆不道德事情的被试，更可能想到与清洁相关的单词。如果让被试从铅笔或消毒纸巾中选择一样免费的小礼物，回忆不道德事情的被试，更可能选择消毒纸巾。

女儿："被试的表现受到之前任务的干扰？"

我："是的。一切认知活动都以记忆为基础，当被试被要求回忆不道德事情

时，其短时工作记忆就会聚焦于与之相关的信息，这种聚焦影响了接下来的词汇联想和选择。实际上，我们之所以能清晰地知道此刻要做什么，就是因为工作记忆的功劳。”

女儿：“工作记忆就是提醒我们要做什么？”

我：“工作记忆会驱动我们进入有意识、受控的认知活动。它不仅提醒我们要做什么，还会帮我们评估事实与目标的差距并有意识地调整行动。离开了工作记忆的支持，我们虽然依然可以关注到发生了什么，却很难记住它们。”

映像记忆与工作记忆

英国心理学家约翰·邓肯设计了一张图片，上面包含随机分布在 4 排 4 列中，平分为 4 种颜色的 16 个字母。

在实验过程中，邓肯先让被试清晰地看到图片，然后要求他们说出刚才看到的某些字母，比如 4 个红色的字母，或 4 个第三行的字母……最终，没有被试能完成这个任务。

这种结果很正常，因为米勒早在 1956 年就验证了工作记忆的内在局限性：大多数人只能同时记住 7 ± 2 个字母或物体。而邓肯的实验，要求被试同时记住 16 个包含多种变化的字母组合，这远超常人的记忆能力。

阿姆斯特丹大学的维克多·拉姆后来调整了实验设置：在图片消失后，马上呈现一个视觉线索，告诉被试要记住的颜色，比如一个绿色的小点表示要记住绿色的字母。结果他发现，如果线索在图片消失后一秒内出现，那所有被试都能轻松完成实验任务。

这就意味着，图片消失后一秒内，被试“记得”全部 16 个字母。这种同时无差别记住所有信息的能力，称为映像记忆。只是，映像记忆可维持的时间很短，

如果我们要有意识地记住任何东西，就需要工作记忆的介入。

女儿：“虽然无意识的注意让我们在一秒内能记住大量的信息，但它们会迅速消散，只有有意识的注意才能带来更持久的记忆效果？”

我：“在有意识的注意下，信息才能进入工作记忆，才能帮我们完成此刻要做的任务。”

女儿：“这就像你在忙时，我跟你说‘爸，我想喝饮料’，你嘴上说忙完就给我买，但忙完后我问你怎么还不去时，你反而问我去干吗一样。”

我：“是的，那一刻，就说明‘买饮料’这件事虽然我嘴上说了，但它根本没进入我的工作记忆。”

女儿：“也就是前面说的‘自以为知道实则一无所知’？”

我：“确实。英国约克大学的艾伦·巴德利是工作记忆研究的先驱。他认为，当工作记忆被用于加工一种信息时，其他不相关信息就需要暂时排队等待。这就是注意之外，我们无法一心二用的另一个原因。”

女儿：“你反复提到一个事实，‘一切心理痛苦都可以在注意回归现实世界时减弱并消失’，这是否也是因为工作记忆无法兼顾注意和工作记忆二者？”

我：“正是如此。注意和工作记忆二者关系密切，前面我说过‘注意创造生命现实’，到这里自然就变成了‘注意与工作记忆共同创造生命现实’。”

生命体验瞬息万变

此时我听到室外工程车的声音、蝉鸣叫的声音、收废品的吆喝声、厨房里高压锅排气的声音、猫在我身边咕噜咕噜的声音，以及老师讲网课的声音。

这么多声音同时冲进耳朵，高低错落。

我关注工程车的声音时，会想："什么时候能完工，真吵！"

我关注蝉鸣叫的声音时，会想到前几天看的一个蝉脱壳的小视频，那一瞬间太美了。

我关注收废品的吆喝声时，会想到地下室的纸箱是该清理一下了。

我关注高压锅排气的声音时，会想到还有几分钟该关火了，然后不自觉地看了看时间。

我关注猫的声音时，会下意识地看看还有没有猫粮。

我关注老师讲网课的声音时，会想刚才又落下哪句话了，再回听一下吧。

…………

虽然这么多声音同时出现，但每一种声音又会各自形成一个独立的世界。不过，当我专注于某一种声音时，其他声音都可以忽略不计，无论它的大小和强弱。

女儿："不可思议，注意投向哪里，工作记忆就会唤醒与之相应的信息，然后创造全新的体验。"

我："是的。我再给你看看我给这位练习者的部分回复，以及另一位练习者自己的感悟。"

我的回复

不错，你在靠自己的体验领悟一个事实：此刻的生命现实，源于此刻关注的事物以及由此唤醒的记忆。在生活中，所有痛苦与快乐瞬间的轮转，都源于这种变化。

一旦你真的理解了这一事实，那么一切心理层面的痛苦与快乐，都将不再成为问题，因为你会知道它们就像自然界的日月轮转、风云变幻一样，有其自然、内在、不可抗的运作逻辑。这种知道，就有机会变成生命的智慧：即刻停止与体验无休无止、毫无意义的对抗，开始享受生命的变化，无论这种变化是好是坏。

另一位练习者的领悟

此时此刻，看到老师说的‘理解生命现实，痛苦和快乐将不再成为问题’时，突然想到儿子在大学的经历；想到我们去接他时，他很冷淡，不愿理我；想到在他休学回来的这段时间里，我们走错了方向……

这一刻我内心是揪着的，幸运的是，我发现了自己的焦虑，发现牙酥的感觉又来了。于是，我闭上眼睛慢慢体会牙的那种火辣辣的感受，几分钟后，好了很多。我体验到了，真的就像老师说的，注意和工作记忆共同创造此刻的痛苦。

女儿："无知无识会带来痛苦，但清晰的理解和即刻的有意识，又可以迅速终结痛苦。"

我："是的，工作记忆意义重大，它不仅决定着此刻的生命现实，也决定着自控力和适应世界的能力。研究发现，工作记忆受损或不足的人，在威斯康星卡片分类任务（一种根据变化的规则调整应对策略的任务）中很难根据新的回馈有效调整策略，他们会执拗地遵守旧有的规则。"

女儿："我可不可以这样理解，很多人会受困于经验，看不到此刻正在发生的事实，难道这在某种程度上等同于他们的工作记忆不足？"

我："是的，工作记忆很容易被干扰，一旦它被占用，我们的表现会迅速变差。也因此，改善工作记忆，就有机会改善我们的表现。"

解放工作记忆可改善行为表现

研究人员将一群在数学测试（前测）中表现相当的被试分成两组，然后让他们解一道复杂的数学方程式，告诉他们接下来的表现直接关系到可能获得的奖励。因此，两组被试在开始解题前都很紧张。

第一组被试被要求静静地坐 10 分钟，然后开始解题；第二组被试被引导写下自己对即将到来的测试的想法和感受。

结果，在随后的解题测试中，第一组被试的表现明显变差，犯错更多；第二组被试的表现却普遍好于前测时的成绩。

女儿："焦虑不安时，无所事事与控制都会让情况变得更糟。"

我："这就是为什么心理支持离不开现实支持，让来访者的生命开始流动，在流动中，工作记忆就有机会从制造痛苦的故事中解放出来。在生活中，我们关注于此刻自己身上发生的，无论身体体验，还是自动化念头，都有助于解放工作记忆。"

女儿："我现在理解工作记忆与生命的关系了，那么长时记忆呢？它的作用是什么？"

我："长时记忆，需要被调入短时工作记忆才能发挥作用。我们已经探讨过，我们所认识的世界，只是经验的结果而非客观的事实。相应地，我们所认识的自我也是如此，'我是谁'没有客观标准，它由短时工作记忆和长时记忆共同决定！"

第三节

记忆的可得性会影响工作记忆

女儿："'我是谁'难道不是确定不变的？"

我："当然不是。在生活中，我们经历过很多事情，但在某一刻，我们只能唤醒某些特定记忆，于是，这些特定记忆就会决定此刻的'我'是谁，以及'我'的体验和行为究竟是什么。"

来访者案例：我是谁

于老师，你让我介绍自己。那么我是谁呢？

早在几年前，我觉得我是一个受害者，因为同桌对我的伤害，所以我失去了学习能力，我变得每天都很愤怒，愤怒使我从一个重点高中的优秀生变成一个垫底的差生，而她却丝毫不觉得自己有什么过错，所以我天天脑子里想的都是如何去报复她，我变得很偏激。

但是现在，更多的时候，我感受到的不是愤怒，而是恐惧、羞愧，我羞愧于自己曾经给同桌造成的伤害，我还特别担心她会来报复我。

这真有趣，我从一个占据道德高地的人，变成了一个堕入了罪过深坑的人。

女儿："这是自我介绍吗？里面没有一点儿可识别的线索告诉我她是谁啊！"

我："小时候，我们的自我介绍多为一眼可见的事实，比如身高、长相、衣着等，但随着经验的增多，自我介绍会越来越趋向于不可见、抽象的经验。到成年后，关于‘我是谁’的描述就完全变成了经验，不再有一眼可见的事实。实际上，此刻脑海里可得的记忆，直接决定了‘我是谁’：唤醒被伤害的体验，来访者觉得自己是受害者；唤醒伤害别人的体验，她又觉得自己是施暴者。”

女儿：“因此，‘我是谁’就成了此刻可得记忆的结果？但这不对啊，可得的记忆会变，那自我不也会随之变化吗？”

我：“不错，你观察到一个生命现实，在心理学中这被称为记忆可得性效应。可得的记忆会变化，因此自我、感受、行为也会随之变化。此刻可得的记忆变好，我们会变得轻松愉悦；此刻可得的记忆变差，我们就会陷入生命苦难。实际上，与‘我’相关的一切，都是可得记忆的产物。”

可得记忆会影响我们的态度和行为

格罗斯和克罗夫顿让学生先阅读关于某人讨人喜欢或不讨人喜欢的人格描述，然后看这个人的照片。结果发现，那些被描述为热情、乐于助人和善解人意的人，看起来会更有吸引力。

在一项实验中，弗里德里希和斯坦每天给幼儿园的孩子看《罗杰斯先生的邻居们》，连续看四周，以此作为幼儿园课程的一部分。在看这个电视节目期间，那些来自受教育程度较低家庭的孩子变得更乐于合作、乐于助人和更愿意表达自己的感受。研究发现，接触社会音乐、电子游戏，都有可能促进人们助人的行为。

女儿：“因此，所谓‘自我、性格是稳定不变的’等说法，都是荒谬不实的？”

我：“当然。自我每一刻都可能变化，而性格，也一直都是可变的。”

女儿：“那所谓的性格缺陷，就没必要担心了？”

我：“错误的信息一直都在不经意地伤害我们。当你理解了可得的记忆会改变，也自然会明白下面这句话是否正确——‘痛苦已经发生，它不可能被改变。’”

女儿：“不正确，因为痛苦源自此刻可得的记忆，如果被唤醒的记忆变了，与之相应的痛苦体验自然也会跟着变化。但为什么记忆会不可得？”

我：“有很多原因。比如我们讲过注意和认知运作的逻辑——注意和认知都服务于维护即刻的行为与体验，与之无关的信息自然会被无视。记忆不可得，还可能源自生理影响，比如下面的研究。”

我知道全貌，但我不知道我知道

比夏克和卢扎蒂用实验呈现了一个事实：我们所知道的“记忆”，与实际的记忆是有差别的。

实验中，他们让两名特殊被试（这两名被试都因为大脑受损，只能意识到自己身体右侧区域的存在）想象自己站在米兰大教堂广场的北端，然后告诉大家他们看到了什么。结果发现，被试仅能正确地描述出位于广场西部（也就是他们右侧）的建筑物。而当要求他们想象自己站在广场的南端时，他们能准确描述的就是位于广场东部（依然是他们右侧）的建筑物。显然，这两名被试清晰地记得米兰大教堂广场上所有的建筑物及其在广场上的位置，但是他们能看到或者通过记忆想象到的，仅仅是位于视野右侧的物体。

女儿：“为什么会这样？我有点儿不理解。”

我：“大脑有复杂的运作机制，我们先关注事实就好。当我们真正理解了记忆具有可得性，自然会知道‘经验塑造人’这句话，更准确的表达是‘此刻可得的经验，塑造了此刻的人’。”

女儿："太拗口。'人'，不同于'此刻的人'？"

我："'人'是经验的产物，对'我是谁'的描述建立在成长所带来的丰富体验之上。也因此，'人'这一描述本身就包含了无数可能的变化。但'此刻的人'，由此刻被唤醒的经验定义，它只是具有多变性的'人'的一个即刻的片段。我问你一个问题，你觉得自己懒吗？"

女儿："说什么呢？我当然不懒了！你看我每天上学多努力……"

我："好的。我再换个问法，你回家会做饭吗？"

女儿："我不做啊。"

我："你洗碗、扫地吗？"

女儿："为什么要我做？"

我："你洗衣服、刷鞋吗？"

女儿："不做。"

我："这么多力所能及的事情你都不做，你还不懒吗？"

女儿："这不是一回事儿。"

我："看，唤醒不同的记忆，就会启发我们改变此刻'我是谁'的定义。这就是记忆可得性带来的启发效应。记忆可得性启发在生命中非常常见。在前面的探讨中，我们一起看过的来访者关于自我的描述，就是经验启发的结果。前面讲过的诺伯特·施瓦茨关于果断与否的研究，也凸显了这种效应——很容易找到证据时，被试会确信自己很果断；但如果寻找证据的过程艰难，被试就会得到相反的结论——'我不果断'。"

女儿："确实，自我会依托于经验而变。"

我："能动态地看待一切，就是在深刻地理解生命逻辑。你学过班杜拉的社会学习理论吗？"

女儿："心理课上老师讲过，斯坦福幼儿园里一群没有攻击性的孩子，在观察到成年人玩攻击玩具的行为后，一旦受挫，会自动学习之前看到的成年人的攻击行为。不过我不觉得这项研究有什么特别之处。”

我：“要想支持他人，这项研究需要被深刻理解。社会学习理论的核心，是行为的习得，我们会模仿自己看到的，会重复自己熟悉的。由此我们可以合理预测，来访者也会观察并模仿心理服务人员处理问题的方案。因此，如果我们习惯于控制情绪、控制念头，那来访者也会跟着去努力控制；如果我们习惯于剖析经验，那来访者也会跟着去努力剖析……而这些，都会导致他们陷入越努力越受伤的状态。支持他人的前提，是支持者可以清晰地理解生命运作的逻辑，然后我们用行动将这一逻辑展示给对方看。”

女儿：“为什么剖析经验可能伤害对方？”

我：“我们刚刚说过，熟悉的经验更容易得到。因此，在反复的剖析尤其是对痛苦体验的剖析中，我们对那一段痛苦会越来越熟悉，这就会导致它们有更多的机会决定此刻的自我——通常是糟糕的自我。”

女儿：“原来是这样。你现在说的，清晰地理解，然后用行动展现，这是身教吗？”

我：“当然，在生活中，大多数人热衷于言传，但人类不是理智人而是感受人。因此，真正能支持到他人，尤其是支持遭遇心理困境的来访者的，通常是身教。而要想做到身教，我们就需要透彻理解生命运作的逻辑，并用行动展现出这种理解。”

女儿：“听起来好难。”

我：“支持他人从来不像我们自以为的那么容易，它以倾听自己、支持自己为基础。如果做不到这一点，千万不要轻言支持他人，因为在那种状态下，我们通常只会背离规律从而误导他人，甚至在无意中伤害他人。”

第四节

记忆有自己的偏爱：开始、结局、就近及情感强烈的

我：“你有没有发现记忆的一个核心特征，我们能记住的，通常都是情绪体验强烈的。”

女儿：“确实。我周末跟你互动时讲的内容，通常都是这周让我烦恼的。你说过，这是不完美效应。”

我：“不完美效应背后，是非常重要的记忆现象——峰终定律和过程忽视。”

我怎么会做出这么愚蠢的选择

丹尼尔·卡尼曼等设计了一项实验：让被试将手浸在14℃的冷水中，水会没过手腕，同时被试用另一只手操控键盘上的左右键，以持续记录自己感受到的痛苦。

在实验前，研究人员告诉被试要完成3次实验。

实验开始后，研究人员安排被试完成前两次体验。

一次持续60秒，被试可自主选择一只手放入14℃的冷水中。水特别冷，但被试可以忍受。60秒结束后，研究人员给了被试一条温热的毛巾。

另一次持续90秒，被试将另一只手放入14℃的冷水中，前60秒实验过程与短时实验完全相同。60秒后，被试保持不动，但研究人员会默默地打开一个阀门，让温水流入容器，这会让被试报告疼痛在缓解。在后30秒内，容器中水的温度会从14℃上升到大约15℃。

之后，研究人员告诉被试，第三次实验他们可以自主选择是做 60 秒版本，还是 90 秒版本。

结果，在长时实验中报告最后 30 秒疼痛有所缓解的被试，有 80% 选择重复 90 秒版本的实验！这就意味着，被试自主选择了多承受 30 秒的痛苦！

但是，如果研究人员在他们选择前先问一个问题："你是愿意坚持 90 秒还是坚持 60 秒？"那么这些被试就会选择 60 秒版本。

女儿："很奇怪，为什么被试会选择长时版本？这明显不合逻辑。"

我："生命有内在的逻辑，只是我们不知道。峰终定律的实质，是记忆对峰值体验和终点体验的偏爱。这种偏爱，会导致我们忽略过程体验。这就是为什么那么多被试会选择再承受 90 秒的痛苦，即此刻记忆唤醒的是后 30 秒相对舒服的感觉，也就自然忽略了 30 秒额外的痛苦。"

女儿："之前我一直不理解一件事，明明互动过程很愉快，只是结果不理想，但最终关于这段互动的记忆会变得非常消极。原来这背后是过程忽视和峰终定律的力量。看样子以后我要特别留意如何结束互动。"

我："是的，'人是感受人'的假设不是空话，它体现在生活的方方面面。"

女儿："幸好我们并不完全是感受人。在实验中，当被试被明确问及喜欢浸泡 60 秒还是 90 秒时，他们的理智重新上线了。"

我："是的，这就是为什么我们要清晰理解生命的逻辑。这种理解，会让我们有机会摆脱被感受控制的无意识反应模式。"

女儿："这里我有个困惑。之前我学过首因效应，好像跟你说的峰终定律正好相反。"

我："确实，生命的逻辑并不是单线的，很多不同的逻辑会同时存在并发挥作用。你提到的首因效应，和未提到的近因效应，都是记忆偏爱的。"

首因效应

最先看到的信息，往往是对我们影响最大、最具有说服力的。在人际互动中，它表现为第一印象。

心理学家所罗门·阿希在纽约大学做了一项研究，他先给被试呈现对两个人的描述，然后要求被试对他们进行评价。

艾伦：聪明、勤奋、冲动、爱挑剔、固执、嫉妒心强。

本：嫉妒心强、固执、爱挑剔、冲动、勤奋、聪明。

你能觉察这两种描述有什么区别吗？

结果，大部分被试对艾伦的评价更高，也更喜欢艾伦。相比之下，本就有点儿惨，被试更多地给出了消极评价。阿希由此发现，最先出现的信息，似乎会影响人们对后面信息的加工。

女儿：“我知道，前面你提到注意瞬脱和工作记忆时说过，大脑在加工信息时，前面的信息会被优先加工，在完成加工前，后面的信息都需要排队等待。当我们看得太快时，看似看到了完整的描述，但其实真正看到的是得到加工的最先看到的信息。”

我：“非常不错，我们说过，注意和短时工作记忆共同塑造了此刻的‘我’，首因效应的实质就是此刻大脑在优先关注什么，或唤醒并加工什么。这也是‘自以为知道实则一无所知’现象出现的真正原因——信息未被充分加工并理解。”

什么决定了我们的态度

在面孔识别研究（为被试呈现不同的面孔，由被试评判面孔的吸引力）中，奥尔森和马苏埃茨通过研究发现，第一印象形成的速度非常快，即使呈现时间只有 0.013 秒（意识无法觉察），被试依然可以成功评判面孔的吸引力。他们还进一步发现，当要求被试对随后呈现的词语进行“好”与“坏”的分类时，那些事先被呈现有吸引力面孔的被试，对“好”的词语反应更快。

在另一项研究中，米勒和坎贝尔给美国西北大学的学生看了一份精简的民事诉讼文件。他们将原告的证词和观点放在一组，被告的证词和观点放在另一组。学生们都要阅读这两组文件。一周后，当被要求表明自己对诉讼双方的立场时，大部分被试都站在他们首先阅读的那组文件一方。

女儿：“我有种感觉，这些研究的结论其实是有问题的，它们所用的场景都展现了认知资源有限的状态，因此被试才会受到第一印象的影响。如果时间充足，认知资源充足，就像我刚刚升入高中寄宿时，虽然对新同学的第一印象很重要，但随着我们彼此交往的加深，我们的关系会完全摆脱第一印象的束缚。”

我：“是的，这就是记忆逻辑中的近因效应——我们对最近发生事件的记忆，总好于对之前事件的记忆。在父母倾听练习中，很多父母一开始会抱怨‘孩子总是关着门不理我，我一说话孩子就烦’，但是，当父母真的转变，开始有能力倾听孩子时，孩子自然会打开房门，重新靠近父母。这种转变，其实就是愉快的近因体验取代了原有的不快体验。”

新的经验可以帮我们摆脱过去经验的束缚

在生活中，我们既会受困于首因效应，也会受限于近因效应。那么，这两者哪个更重要呢？

阿伦森和林德设计了一项实验：他们让 80 名明尼苏达大学的女生“无意中”听到了另一位女生对她们的一系列评价（保证她们完整听到了所有的评价）。有的女生听到的是持续的积极评价，有的女生听到的是持续的消极评价，有的女生听到的评价从消极到积极，还有的女生听到的是从积极到消极的评价。结果发现，当个体受到目标人物的尊重，尤其是这种尊重的获得是逐渐发生的，并且还推翻了目标人物之前的批评之词时，个体就会更加喜欢这个目标人物。

女儿："在认知资源充足的情况下，近因效应的影响力要大于首因效应。"

我："可以这么说。但生命的常态是认知资源不足，除非资源充足或时间足够，否则我们会更多地受到首因效应的影响。但不管是首因效应还是近因效应，其实都是可得记忆对生命的影响。也因此，只要有能力发现并处理可得记忆，就有能力减弱它们的干扰。只是这里要留意，可得记忆会受到情绪的干扰。"

情绪决定记忆

斯隆等研究人员安排抑郁和不抑郁的女性被试评估 24 个单词在多大程度上适用于自己：12 个愉快的单词，12 个不愉快的单词。一段时间后，他们要求她们回忆这 24 个单词。结果，两组女性回忆出的不愉快的单词数量相当，但抑郁女性回忆愉快单词的表现明显更差。

女儿："前面你说'注意和工作记忆创造生命现实'，其实更准确的说法是'注意和受情绪影响的可得记忆共同创造了生命现实'。"

我："是的，在糟糕的感受下，我们可得的记忆通常是一片灰暗。"

女儿："这又回到一个事实上，支持来访者，首先要支持对方走出糟糕的感受。"

我："是的。理解了这背后的逻辑，自然知道此刻能帮到对方的不是所谓的认知改变，而是有效的感受处理——一旦回归平静、放松的感受，对方可得的记忆也自然会走向光明与希望。"

第五节

记忆并不完全可靠，它可以被持续加工、重塑

女儿：“我有种直觉，过于依赖记忆很容易出问题。”

我：“确实，虽然每个人都相信自己有可靠的记忆，比如我们都认为自己知道未来某个时刻应该做什么，但实际上，我们经常会忘记该做什么。伦敦大学学院高级研究员茱莉亚·肖曾引用两位商人的研究。他们收集了 3 种提供免费试用服务的数据，发现不但有很多人会选择在试用结束后继续付费订阅该服务，不主动取消即被协议默认为自愿成为付费用户，而且试用时间越长，人们付费订阅的可能性就越大，其中有 3 天试用时间的人保留服务的比率为 28%，而试用 7 天的人保留服务的比率为 41%。”

女儿：“时间越长，大家越容易忘记。”

我：“是的。这种高估自己记忆的现象被称为过度自信效应。”

过度自信效应：我不知道自己记不住

在社会心理学研究中，魏因施泰因发现，在评估自己可能遭遇的生活事件时，被试会高估好事情发生的概率，而低估坏事情发生的概率。与此类似，塞文森等其他研究人员也发现，不同行业的被试，都会高估自己的专业水平。这一现象被称为过度自信效应。

在记忆领域，威廉姆斯学院的内特·康奈尔安排 430 名被试学习 1 遍或 4 遍成对的单词，然后让他们估计一下自己在 5 分钟后，或一星期后测试中的表现水

平。结果发现，在估算自己的长时记忆能力时，被试普遍会出现偏差：平均而言，他们的预测是一周后能记住 9.3 组单词，但实际上只能记住 1.4 组。

女儿："就像人会'自以为知道实则一无所知'，人也会'自以为能记住，却根本记不住'。"

我："是的，我们不仅无法清晰记忆'发生过什么'，我们所知道的'发生过什么'，很多时候也只是自我想象的结果。"

虚假记忆研究：潘趣酒事件

艾勒·海曼教授是虚假记忆研究专家。他与乔兰·彭特兰教授设计了一项实验：65 名被试被告知此次实验的目的是研究人们能在多大程度上准确回忆起童年经历，因此需要回答 6 岁以前经历的很多事情，这些事情的细节是研究人员从他们父母那里了解到的。

实际上，被试的父母是研究人员的同谋。在研究人员呈现的童年经历中，有一件不存在的事：被试 5 岁的时候与父母参加一场婚礼，并不小心打翻了桌上的一大碗潘趣酒，洒在了新娘父母身上。

在连续 3 周内，每周研究人员都会与被试互动一次，尝试让他们回忆起更多与此有关的细节。结果，25% 的被试产生了清晰的虚假记忆——他们可以生动地回忆起这一事件并描述各种细节，12.5% 的被试能说出研究人员之前提供过的信息，却不记得自己打翻了潘趣酒。

女儿："这些被试被误导了。不过，看起来产生虚假记忆的被试并不多啊。"

我："问题不在于多少，而在于我们很容易受人影响进而虚构记忆，但我们对此一无所知。”

我能记得出生第二天时看到的景象

虽然脑神经研究已经揭示了一件事：我们不可能记住早年的生活经历，尤其是刚出生时的经历。但研究显示，大多数被试并不认同这一观点。

加拿大心理学家尼古拉斯·斯帕诺斯及其同事要求被试填写一份调查问卷，然后告诉被试：计算机反馈他们有非常出色的眼球运动协调性和视觉能力，并认为该能力一定是他们出生不久后形成的，极有可能是因为他们出生的医院在每个新生儿床上方都挂满了彩色的旋转床头铃。

当然这种说法只是研究人员故意欺骗被试。接下来，为了让被试确定他们的确有上述关于床头铃的经历，研究人员对被试进行了催眠，以回溯被试出生后的第二天，然后问他们记得什么。

结果，研究人员发现，有 51% 的被试表示他们能想起小时候床上方挂的彩色旋转床头铃的样子，或者医生、护士、亮光、口罩等信息。

虽然研究人员知道这是虚假的回忆，但令他们震惊的是，这些被试都声称他们的记忆是真实而非杜撰的。

女儿：“这样说来，我关于自己童年的很多记忆也值得怀疑了。”

我：“在生活中，每个人都可能虚构不存在的记忆，或者混淆不同的场景制造虚假记忆。伦敦大学学院高级研究员茱莉亚·肖在研究中引导被试反复回想‘莫须有’虚假事件的细节，虽然被试一开始会否认此事，但在反复回想 3 周后，超过 70% 的被试真的会发展出完整的虚假记忆。”

女儿：“记忆训练会不会有助于解决这一问题？”

我："这是人性驱动的。实际上，很多受过专业记忆训练的被试，也会产生虚假记忆。"

专业人员的记忆表现会更好吗

耶鲁大学查尔斯·摩根等以经过专业记忆训练的海军陆战队士兵为被试（他们练习的内容之一是记住与自己接触过的人。比如在战俘营里，用目光盯住审讯或拷打过自己的人的面孔，以便释放后能够再次辨认出审讯人），设计了一项实验。

在这些士兵经过审讯后，研究人员会安排一个机会，让士兵有几分钟的时间看到一张大头照：照片上的人光头、脸形瘦窄。这与之前审讯士兵的人完全不同：审讯人留一头棕色的中长卷发，有点儿胖。但拿照片的人却伪装出"这就是审讯你的那个人"的样子。接下来，士兵被要求辨认出审讯人的样子，结果有超过84% 的被试选错了照片——研究人员故意引入的错误信息，替换掉了士兵们正确的记忆。

在这项实验中，研究人员还展现了更多士兵被细节误导的表现：比如当士兵被问到"审讯你的人允许你打电话吗？请你描述一下审讯室里那部电话的样子"，几乎 98% 的士兵描述了电话的细节——实际上，审讯室里根本没有电话。

女儿："不可思议，经过专业训练的所谓记忆专家，表现也会这么差。电影里不经常说'你化成灰我也能认识你'吗？"

我："我们一直在高估自己的记忆表现，却不知道它会受到情绪、注意等的干扰。其实，如果你还记得注意运作'一次一事'的准则，那么自然会理解为什么记不住，注意被身体痛苦强势捕获，容貌、头发等信息因此被自然忽略。此外，你也知道记忆可得性会受到工作记忆干扰，而工作记忆又很容易被此刻出现的信息干扰——所有的暗示其实都在误导工作记忆，于是，记忆专家们不自觉受困于虚假记忆。”

女儿：“我们都有可能说谎却不自知？”

我：“当然。自知很难，我们探讨了这么多，就是为了走向自知。我经常跟来访者或家长说一句话——‘不要纠结语言本身，或不要纠结对方是否说谎’。因为不管是完全虚构带来的虚假记忆，还是我们将一段体验嫁接到另一段体验带来的虚假记忆，多数时候都只是大脑无意识运作的结果。”

女儿：“撒谎成性也是正常的？”

我：“虽然撒谎与虚假记忆不完全相同，但先留意此刻‘撒谎成性’这个词，它显示了强烈的感情色彩，这就是经验和感受在阻碍你看到并接近事实。所谓的撒谎成性，看似是有意行为，实则只是受困于自我保护本能的无意识行为，即当事人因为恐惧不安，在离苦需要的驱动下，不自觉地重复着隐瞒事实真相的努力。虽然这种努力令人厌恶，但当事人只是在感受驱动下身不由己的反应人。一旦他们有机会看到自己只是感受的奴隶，看到这种自我保护反而强化了对自己的伤害，就有机会走出‘撒谎成性’的习惯。”

女儿：“你会不会太乐观了？”

我：“不会。我说过人性无所谓善恶，所有的恶行，其实都源于身不由己。也因此，只要有意愿，任何人都可以通过回归有意识来终结此刻身不由己的恶行，这样就自然走向了善行。未来你想支持求助者，同样需要帮他们清晰地发现事实并理解逻辑，进而使他们构建走出无意识、回归有意识的全新行动能力。比如在记忆这件事上，当我们清晰地发现记忆内在的逻辑是多变的、不可靠的，会即刻带来情绪体验变化的，那么我们要做的就不是试图说服自己‘我的记忆很可靠’，或者命令自己‘有意识地改变回忆的内容，让它变得更积极’，而是有能力在此刻迅速发现并有意识地打断带来伤害的回忆。”

女儿：“打断回忆就可以？不需要再做点儿什么？”

我：“打断回忆，不是让自己无所事事，而是去继续原本被回忆打断的行动。”

女儿：“我还有个问题，为什么你反对‘有意识地改变回忆的内容’？你说过注意和工作记忆会创造现实，那么认知改变不是很有用吗？”

我：“理解这件事，要靠生命体验。我不反对有意识地改变回忆的内容，但是要能去观察发生了什么。比如生活中会有一个奇怪的现象，没有心理困境的人改变认知通常会受益匪浅，但是陷入困境的来访者往往深受其害。为什么会有这样的差别？这就涉及身心资源和感受处理这两件事。还记得控制、漠视意味着什么吗？”

女儿：“自我冲突？”

我：“是的。情绪变化会自然诱发念头转换，此时不会有任何压迫，也不会导致任何额外的资源损耗；但在情绪平复之前，转念本质上就是在诱发自我冲突，这会快速耗竭资源。而身心资源不足，又会使自控力、情绪管理能力、问题解决能力等大脑执行功能的表现变差，这将带来新的生命苦恼。”

我们在持续累积经验。

这种累积非常重要，它不仅决定着“我是谁”“我的能力”，也决定着“我此刻的生命现实”。

但是，经验只是过去，我们深陷其中时，会身不由己地丧失与现实接触的能

力，进而成为过去的奴隶。

但我们对此一无所知。

受“追逐确定性，厌恶不确定性”的本能驱使，我们选择相信记忆、依赖记忆，并坚守着“我知道”的信念，持续强化着特定的记忆。

我们坚信：记忆是可靠的，不会出错！

但大量的实证研究都指向一个事实：我们所记得的，不过是感受和经验选择并加工的结果，它们随时都有可能因感受变化而改变。

现实中没有绝对“客观”的准确记忆，有的只是当下我们可以“主观”唤醒的记忆。

而无论是无意识的刺激，还是有意识的暗示，都有可能改变记忆所唤醒的内容。

因此，纠结于记忆内容，以及由此而来的对错判断，就变得毫无意义。

尤其是当我们身陷心理困境时，走出特定的记忆故事，远离对错评判，就是在终结即刻的生命苦难。

第八章

资源的逻辑

——有限的身心资源需要被统筹管理

第一节

为什么我们会失控：身心资源是有限、易耗竭的

女儿：“你提到控制会导致身心资源的损耗，我有一种体验，学习、考试时间太长，我就会累得什么都不想做。”

我：“这就是身心资源匮乏现象。很多来访者说的‘我没有动力，对什么都没有兴趣，什么都不想做，没劲儿……’，都与身心资源的耗竭有关。”

女儿：“这是资源问题？很多人会说这是意志问题！”

我：“错误的归因随处可见。我给你看个案例。”

来访者案例

高考倒计时了，作业在学校根本写不完，每天下晚自习后我都要把作业带回家接着做。

回家后，我会先吃零食，再玩会儿手机。这时爸妈会很烦：“赶紧写完作业，早点儿睡觉，明天才有力量继续学习。”

后来跟您练习倾听后，他们有了改变：会在车上听我念叨学校的事情，回家后也不再催促我。我感觉自己神清气爽、吃嘛嘛香的状态出现得越来越多，回家后学习的时间也越来越长。

不过，我还有一个苦恼：考试时要写的内容太多，我总是写不完，因此会不自觉地紧张。昨天上午考到 11:00 时，我突然两眼发黑看不见东西。校医检查后

说我低血糖，我休息了一会儿，吃了块糖，果然感觉好多了。中午吃完饭，我满血复活，下午顺利地考完了英语，成绩还相当不错。

女儿："跟我真像，回家就想吃、想玩。"

我："在生活中，我们很容易理解肌肉疲劳，会自然地休息以补充体力；但大多数人不理解心理疲劳，会在心理力量不足时继续鞭策自己。就像这个案例中的父母，因为不理解孩子在一天紧张的学习后需要优先补充资源，所以才会要求孩子'赶紧写完作业，早点儿睡觉'。于是'支持孩子学习'的语言，反而加剧了孩子的烦躁感和无力感，也干扰了她有效的学习。"

女儿："确实，很多父母都在努力地帮倒忙。"

我："这其实是个社会问题。父母都在依托于固有经验指导孩子，而父母的经验，尤其是情绪管理方面的经验，通常都是忽略事实与规律的控制模式，比如'不要那么烦''控制好自己''不要管它'……这些方案在多数时候都是有害的。"

女儿："你是说自我控制还有有益的时候？"

我："当然。之前我过于强调自我控制的危害可能误导了你，我澄清一下，适宜的自我控制，会让我们变得更好，取得更好的成绩。不是'自我控制'行为本身有害，而是特定场景下的自我控制会带来有害的结果。这两者截然不同。"

女儿："我知道当控制背离了规律时会有害，比如想控制身体体验或思维活动，或者想控制他人，那么，什么时候控制是有益的？"

我："很简单，当身心资源充足时，控制就是有益的。比如学习过程中，当我们精神饱满时，虽然有时会感到无聊、很累，但控制自己继续学习会让我们表现更好。反之，当身心资源不足时，比如上述案例中学习了一天回到家里，继续控制自己努力学习，就是有害的。你知道为什么这个来访者考试时眼前发黑吗？"

女儿："医生说了是低血糖。"

我："留意来访者说的'会不自觉地紧张'。紧张时，身体被高度唤醒，能量消耗很快。与此同时，大脑的认知活动是对资源索取最多的生命活动之一，它以葡萄糖为能源基础。当体内葡萄糖的消耗速度快于身体供给速度时，大脑就会因营养不足而丧失正常的功能。"

女儿："眼前发黑是能量失衡后身体自我保护的行为？"

我："是的。身体有内在的平衡机制，比如血糖水平降低时，身体会通过释放储备的糖分、分解体内脂肪等过程来稳定血糖水平。但这种释放与分解有自己的速度，当消耗速度超过了补充速度时，血液中糖含量将出现不足，这种不足达到一定限度时，大脑功能就会受到影响，心慌、手抖、出虚汗、心跳加快、四肢无力等身体反应也可能出现。"

女儿："那是不是及时补充糖分就好？"

我："通常我会告诉来访者这一简单的方案。但维持血糖平衡是身体内在的机制，因此真正有用的方案是寻求妥善的医学支持来调整身体运作状态。医学研究发现，有时即便给予葡萄糖注射，患者仍可能发生低血糖现象。比如洛里·里格等就在研究报告中指出，进行麻醉手术的婴儿，尽管接受了连续葡萄糖注射，但依然有7%会在术中出现低血糖现象。"

女儿："好吧，不能寄希望于简单的方案。"

我："当然。理解了身心资源的有限性和易耗性，我们就需要进一步理解其补充与消耗的机制。"

第二节

保持良好的睡眠是补充身心资源的最佳方式

女儿："补充糖分会有助于提升资源水平、改善自控力和情绪管理水平。"

我："确实，健康饮食是补充资源的核心方式。不过，有很多嗜糖的来访者会反馈自己每天疲惫不堪，情绪也很容易失控。"

女儿："听起来跟你前面说过的自相矛盾，不合理啊？"

我："你之所以感觉不合理，只是因为掌握的信息少。我说过，身体有自己的内部平衡机制，对糖分的处理过程如下。大量摄入糖分，身体感受到失衡，于是会迅速改变体内化学物质的释放速度与水平，加速处理过剩的糖分——这就加剧了身体的压力；反过来，对糖分的快速处理，也必然会导致血糖水平快速下降，于是身体又会进入资源不足的失衡状态，这就意味着需要新一轮的调整来加速补充糖分。"

女儿："我明白了，左右都打脸，只有平衡才是美。"

我："是的。一旦平衡状态被打破，苦恼就会出现。在资源补充上，保持良好的睡眠是维持身体内部平衡最重要的途径之一。当睡眠不足时，我们的表现水平会直线下降。"

身体表现水平依赖于良好的睡眠

多项研究表明，保持良好的睡眠可以提高运动员的运动技能。2015 年，国际奥委会发表了一份共识声明，强调了良好的睡眠在所有体育运动发展中对运动员的重要作用。

马修·沃克整理了 750 多篇关于睡眠和人的身体表现关系的研究，发现如果每晚睡眠少于 8 小时，特别是少于 6 小时，有氧输出会显著降低，心血管、代谢和呼吸功能会弱化，身体达到体力耗尽状态的时间会缩短 10%~30%，在肢体伸展力和垂直跳跃高度方面也存在强度峰值和持久力的下降。

此外，睡眠不足会增加运动员受伤的风险。米莱夫斯基针对年轻竞技运动员的研究显示：在整个赛季中，平均每晚睡眠时间达到 9 小时的运动员的受伤率为 16% 左右；而平均每晚睡眠时间低于 7 小时的运动员的受伤率会大幅增大，达到 60%；如果平均每晚睡眠时间低于 6 小时，那么其受伤率会提高到 72% 左右。

女儿：“睡眠时间决定一切？”

我：“当然不是，很多来访者会因为药物反应或者身体原因，长时间嗜睡。虽然睡眠时间足够长，但他们通常会身心俱疲。研究表明，睡眠时间太长或太短，都会导致生命失衡并陷入更大的困境。相比于睡眠时间，睡眠质量才是真正的核心。不过要谈论睡眠质量，我们就需要先了解睡眠。”

睡眠是一种复杂的生理活动

我们通常认为，从入睡到清醒，我们经历的是一次睡眠过程。其实，每晚健康的睡眠会包含 5~6 个重复的周期，每个周期持续的时间大约为 90 分钟，包含非快速眼动睡眠（深度睡眠）和快速眼动睡眠（我们所熟知的做梦）两个阶段。

从脑电的角度来看，大脑活动主要有几种不同的波形：清醒的时候，大脑活动主要呈现为 13~30 赫兹的 β 波；当我们闭上眼睛，或者做冥想等活动时，大脑活动主要呈现为 8~12 赫兹的 α 波；当我们进入睡眠时，脑内会分别出现 3.5~7.5

赫兹的 θ 波、低于 3.5 赫兹的 δ 波，以及 12~14 赫兹的睡眠纺锤波和 K 复合波。

非快速眼动睡眠，根据脑电活动规律，可分为 4 个不同的阶段。第一阶段以 3.5~7.5 赫兹的 θ 波的出现为标志，这个阶段会伴随着眼睑一次次缓慢的开闭，以及眼球的上下滚动。大约 10 分钟后，我们会进入睡眠的第二阶段，这个阶段的脑电图通常是无规律的，但包括 θ 波、睡眠纺锤波和 K 复合波。在这一阶段，我们已经睡着，但如果被唤醒，会说自己没睡着。再过大约 15 分钟，随着 δ 波的出现，我们会进入睡眠的第三阶段，这一阶段包含了 20%~50% 的 δ 波活动。随着 δ 波活动比率的增加（超过 50%），我们会进入睡眠的第四阶段。因为第三阶段、四阶段都表现为慢波睡眠的增加，所以它们被统称为慢波睡眠。在慢波睡眠之后，我们会进入快速眼动睡眠阶段。

值得注意的是，在不同睡眠周期，不同阶段的睡眠的持续时间并不相同：在睡眠的前两个周期，慢波睡眠占据主导地位，快速眼动睡眠很短暂；但是到了第三个、第四个周期，慢波睡眠不再出现，而快速眼动睡眠的时间持续变长。到第五个周期，超过一半的时间我们都处于快速眼动睡眠（也就是做梦）的状态。

女儿："有点儿复杂。"

我："确实，生命有复杂的运作机制，想清晰理解并不容易。当我们初步了解睡眠的不同阶段后，就需要进一步了解睡眠及其不同阶段对生命的意义。"

睡眠质量直接决定着认知表现

宾夕法尼亚大学的戴维·丁格斯想了解睡眠质量对大脑执行功能表现的影响。他与自己的团队设计了一项任务：让被试观察屏幕，当屏幕上的指示灯亮起时，被试需要在给定的时间段内按下一个按钮，研究人员会记录被试的反应时间及准确率。指示灯以随机的方式亮起，有时会连续亮，有时则会间隔几秒。

在这项任务中，被试需要连续做 14 天测试，每天做 10 分钟。在被试得到一晚良好的睡眠后（实验室监测条件下），研究人员会做第一次测试。之后，研究人员将所有被试分成 4 组：第一组被试连续 3 晚不允许睡觉，第二组被试每晚允许睡 4 小时，第三组被试每晚睡 6 小时，第四组被试每晚可保证 8 小时睡眠。

研究发现，睡眠不足会导致被试身不由己地失神：并非反应迟缓，而是指示灯亮时完全没有反应。丁格斯的团队记录下了被试出现失神现象的次数。结果发现，每晚睡 8 小时的第四组被试，在两周内始终保持着稳定、近乎完美的表现；而 3 晚不睡的第一组被试，表现最差，剥夺第一晚睡眠导致失神次数增加 400% 以上，之后其表现会持续恶化；每晚睡 4 小时的第二组被试，6 天后的表现与剥夺一晚睡眠类似，第 11 天，其表现比连续 48 小时不睡的被试差；每晚睡 6 小时的第三组被试，10 天后的表现与 24 小时不睡的被试类似。

该研究还有一个重要发现：无论是被剥夺 3 晚睡眠的被试，还是每天只睡 4 小时、6 小时的被试，当被问及睡眠不足是否会影响他们的表现时，他们总是高估自己，坚持认为表现不会被影响。

在该研究中，丁格斯最后尝试给所有被剥夺了睡眠的被试 3 晚补充性睡眠：想睡多久就睡多久。遗憾的是，即便如此，他们的表现也没有恢复到第一次测试时的良好水平——虽然这一任务他们已经持续练习了两周！

女儿：“哪怕充分休息了 3 天，都无法恢复大脑执行功能的表现？这太夸张了。”

我：“是的，这就是研究的结论之一——失去的睡眠无法被补回。在《我们为什么要睡觉》一书中，马修•沃克教授引用了大量的研究证据呈现了一个事实，即与晚上睡眠相比，白天睡眠产生了明显不同的脑电活动模式，包括快速眼动睡眠模式。”

女儿：“补觉这种说法，其实研究结论并不支持？”

我：“至少不是完全支持。其实，睡眠影响的不仅是执行功能表现，更是生命本身。斯福尔扎、加拉西、蒙塔尼亚等各自的研究显示，睡眠纺锤波和K复合波减少，导致丧失慢波睡眠只能获得简短的快速眼动睡眠的人，出现注意、记忆缺陷，其自主神经系统和内分泌系统也会因此而失控。”

女儿：“睡得少不行，不睡或者睡眠质量变差更不行。”

我：“从进化的角度来看，睡眠的每个阶段都有其独特的意义。比如研究发现，深度睡眠会提升知识学习效果，而快速眼动睡眠则会提升技能学习效果。”

女儿：“不过，我在一本书上好像看到了很多不同的结论。比如作者每晚休息5小时，结果工作效率更高；或者罗莎等的研究结论，连续64小时不休息，但只需要4小时睡眠，就能消除行为缺陷。”

我：“确实，关于生命的研究一直处于进行时，所以我们能看到很多相反的结论。但这不影响我们清晰地观察事实，大多数陷入困境的来访者，都会有严重的睡眠问题；而睡眠良好的人，社会适应能力也会更强。2016年，美国汽车协会交通安全基金会发布了对美国7000多名司机在两年内进行详细追踪的大规模调查报告。报告显示，不到5小时的睡眠会让司机发生车祸的风险增加3倍，如果前一晚睡眠只有4小时或者更少，那么司机驾驶时发生车祸的风险就是正常睡眠时的11.5倍。”

女儿：“大数据更有说服力。这些相反的事实与研究结论会不会让来访者很烦？”

我：“现实世界确实充斥着各种矛盾的信息，这是来访者需要学会面对并处理的核心问题之一。”

女儿：“怎么学会？”

我："你看，理解了经验的价值，我们就要去了解更多研究，理解更多逻辑；理解了经验的局限性，我们就需要努力了解经验适用的范畴，并在运用经验时小心留意经验的束缚，避免落入经验的窠臼；理解了事实才是检验行动有益或有害的唯一标准，我们就会用心留意此刻的生命现实，让事实成为指引……其实，如果来访者有能力处理经验束缚诱发的情绪阻碍，他们不会反感任何所谓矛盾的信息。"

女儿："那我明白了，这又回到了优先处理此刻情绪的行动中。"

第三节

处理认知活动与情绪干扰，保护有限的身心资源

女儿："前面你说要了解资源消耗的机制。"

我："是的。一切生命活动都以身心资源为基础，因此我们需要理解、识别并远离各种没必要的损耗。"

女儿："怎么会有没必要的损耗？"

我："我设置一个场景来帮助你理解。假设你一学期有 4 门功课，每门功课需要花费 25% 的精力才有机会拿到理想的学分。学期开始后，另外一门功课进入你的视野，它没有学分，暂时不学也无关紧要，但你告诉自己'我必须学会'，而这意味着它将占用你 100% 甚至 200% 的精力。现在，你告诉我，你是继续学习这门额外的功课，还是把精力拿回来投入其他 4 门功课？"

女儿："我当然会学其他 4 门功课。"

我："你看，此刻投入额外功课的资源，就是没必要的损耗。在生活中，我们每天都会面临这种没必要的损耗，只是我们对此一无所知。"

女儿："比如？"

我："比如我们会频繁遭遇的选择、决策问题。"

为什么我和孩子都无法行动

我一起床就觉得不舒服，想跟公司领导请假休息。

但一直拖到浇完花，吃过饭以后很久，我才联系公司领导请假。

我问自己，为什么每次请假都要拖很久，觉得很难？然后发现脑子里有很多念头，比如“撑一下，也可以去上班”“工作上还有很多事要做，不好请假”“请假信息怎么写才好”“曾经我那么追求事业，现在因为儿子和母亲生病居然变成这样，我的工作还有没有前途”……

后来我跟儿子交流我的感受，并问他平常出门拖延是不是也是因为这种内耗？

儿子说不是，他只是在想有没有必要，如果他认为有必要就一定会做。我问他那为什么每次考试他都想缓考，儿子说因为理工科目难，没把握。

女儿：“我明白了，让家长无法行动的左思右想、矛盾纠结，就是没必要的损耗？”

我：“不仅是她，她儿子自以为没有内耗，但他在想的‘有没有必要’，或者‘理工科目难，没把握’等，都是阻碍他行动的无意义的损耗。”

女儿：“要想更好地运用有限的身心资源，我们要有能力发现并终止这些无意义的思考、选择带来的额外损耗。”

我：“是的，虽然难，但这是我们可以努力达成的目标之一。之前我说过，选择是高能耗活动，它会迅速降低我们的自控力。与选择一样，所有的认知活动，比如试图控制情绪、念头，或者分析、记忆、解决问题等，都会造成资源的损耗，并降低我们随后的行为表现。”

为什么情绪、行为会失控

希夫等人招募了一群被试并将其分成两组，要求第一组被试记住一个两位数，第二组被试记住一个七位数。

之后，研究人员会引导被试到一个大厅等待进一步的测试。

等候区里摆放着有益健康的水果和高热量的蛋糕。其实，这才是真正的研究：当被试完成记忆任务后，他们会选择哪种食物？

结果，被要求记住两位数的被试，大多数选择了水果；而要记住七位数的被试，选择蛋糕的概率比前者高出了 50%——蛋糕是冲动下的选择。当我们的注意资源被认知活动占据时，控制冲动的能力会迅速减弱。

在另一项研究中，希佩尔等招募了一批厌恶卤鸡爪的被试，让其中一些被试完成一项记住八位数的认知任务。当他们默默记忆时，研究人员将卤鸡爪拿到他们面前，结果，这些被试会不由自主地脱口而出一些粗俗之语。与此同时，其他只被要求记住两位数的被试，则不会有这样的行为失控表现。

女儿："我感觉这两项研究中，被试表现的变化不是资源耗竭的结果，更像是注意无法一心二用：当资源被记忆任务占据时，被试注意不到自己在选什么或者说什么，也因此会表现得毫无自控力。"

我："很不错，你能看到细微的区别。实际上，类似眼前发黑、晕倒等资源绝对不足的状态并不常见。在生活中，人们的大多数状态都是资源的相对不足：当资源被特定认知活动占据时，可用于另一项认知活动的资源（如自控力）就会相对匮乏，进而导致行为失控。其实，资源分配与注意运作是一体的，它依托于我们注意的分配。注意关注不到的，就意味着资源分配不足，而这会导致我们所有的表现都受到影响。"

女儿："之前我们说过的学习问题、情绪问题、记忆问题等，其实都源于注意力分配失控导致的身心资源投入不足？"

我："是的。之前我们已经看到，注意运作机制不可抗拒。比如自我保护的本能会让我们优先关注自己。而这种身不由己的关注，不仅会导致资源分配失衡，也会让我们丧失支持自己或他人的能力。”

自我关注会导致我们丧失关注并支持他人的能力。

吉本斯等的研究表明，愤怒与悲痛会导致注意回归自己，从而使我们丧失关注并支持他人的能力。

在斯坦福大学，汤普森等招募了一批被试，让他们独自听一段录音——描述了一个人因患癌症而生命垂危（将对方想象成自己最好的朋友）。

通过指导语，研究人员使一半被试的注意力集中于自己的担忧和悲伤上，如“他 / 她就要去世了，你即将失去他 / 她，再也不能跟他 / 她说话……你知道每一分钟都可能是你们在一起的最后时光……几个月里，尽管你非常悲伤……你将看着他 / 她死去，当他 / 她失去生命后，你将成为孤单的人”。

与此不同，另一半被试被引导关注对方，如“他 / 她躺在病床上打发时光……等待着即将发生什么……她 / 他告诉你没有比这更痛苦的了”。

不管听的是哪一种录音，被试都会潸然泪下。同样的悲伤，会影响他们助人的行为吗？研究人员放完录音后，立即给予被试一个机会去匿名帮助一位研究生。结果，被引导自我关注的第一组被试有 25% 给予了帮助，相比之下，第二组被试有 83% 都给予了帮助！

女儿：“不错，我又学到一招，影响一个人的注意，就可以让她成为热心肠！”

我：“生命的运作充满了逻辑，只是我们对此知之甚少。身心资源的逻辑，蕴含在注意、记忆、学习等各种需要调用资源的场景中。我将之分开呈现，只是为了能够更简单地表达。在生活中，很多来访者会说感觉自己变笨了，或者记忆力、领悟能力、解决问题的能力变差了，其实，这些表现背后，都存在一心二用导致的资源匮乏问题。”

什么降低了我的智商表现

布拉瓦特尼克政治学院的阿南蒂·马尼、哈佛大学的塞德西尔·穆来纳森，以及普林斯顿大学的埃尔达尔·沙菲尔等以新泽西州一家商场里的路人为被试，开展了一系列智商研究。

一开始，研究人员会调查被试的基础信息，并用瑞文推理测验获得被试的基础智商。之后，研究人员将被试随机分成两组，让他们分别完成不同场景下的任务。

第一组被试想象汽车抛锚后需要 300 美元的维修费，而保险只能支付一半费用，他们需要决定是现在就去修理，还是等一等。从经济学的角度来看，对被试来说，这将是个容易的决定还是个艰难的决定？

完成想象任务后，研究人员会安排被试重测智商。结果发现，无论被试经济状况如何，前后两次智商测验的表现都没有统计学差异。

对第二组被试，研究人员让他们想象的汽车维修费用变成了 3000 美元，也就是他们需要自己承担 1500 美元。对大多数被试来说，这构成了巨大的决策压力：2011 年，卢萨尔迪等发布的一项研究报告显示，近半数美国人没有能力在 30 天内凑齐 2000 美元，就算是急用也没有办法。

结果，第二组被试前后两次智商测验的成绩出现明显的分化：经济状况好的被试，第二次智商测验的表现和第一次一样；但经济状况不好的被试，第二次智商测验的表现大幅下降。大量重复研究显示，这种智商下降的分数为 13~14 分——智商测验的标准差为 15 分。也就是说，如果被试之前是天才，那么被唤醒焦虑、无力等感觉后，其智商会降低到正常水平；而如果被试之前智商正常，那么被唤醒焦虑、无力等感觉后，将变成智力有缺陷的状态！

在该智商研究中，研究人员还衡量了被试正常睡眠和剥夺一晚睡眠后的智商表现。结果发现，被剥夺睡眠后，被试的表现会差很多，但整体看来，这种变差

的幅度要小于被唤醒了焦虑、无力的被试。

女儿："这也是在说一心二用和由此而来的情绪干扰吧？在它们的影响下，我们完成眼前任务的能力会迅速下降。"

我："是的。我们清楚地谈过一个事实，即分心不可避免，一心二用是生命的常态。这里我们又看到一个新的事实，一心二用导致的情绪变化，会干扰资源分配，降低此刻的表现水平。因此，要想改善表现，我们就要有能力处理分心和情绪干扰。遗憾的是，大多数人处理它们的方案，都只是思维层面的努力，比如'我要集中注意''我要控制情绪''我要表现得更好'……"

女儿："这根本没用。控制就是新的一心二用，会让情绪更强烈。"

我："是的。不理解生命运作的机制，我们就会不自觉地踏上南辕北辙之路。普林斯顿大学的山姆·格雷科斯伯格教授研究发现，额外奖励所诱发的紧张感，会降低个人的创造力表现。与他一样，麻省理工学院的丹·艾瑞里教授发现，只要一项任务涉及基本的认知过程，那么奖励越大，被试就越紧张，他们的表现也就会越差！"

女儿："要想保护有限的身心资源，我们需要有能力及时发现并处理有害的情绪干扰和认知损耗。"

我："这非常不容易，但一旦踏上这条路，我们的生命就会有机会焕然一新。"

本章结语

在现实世界中，我们清晰地知道资源是有限的，因此我们需要有效管理与支

配资源。

但在心理世界中，我们往往对此一无所知，并因此忽略资源管理的价值。

我们认为，表现不好一定是因为懒惰、脆弱、不够努力。

我们不知道，要改善表现，很多时候只需要有效地补充资源和更好地分配资源。

有效补充与分配资源并不容易。

短时消耗资源最多的，就是我们的认知活动，尤其是糟糕情绪下无意识的认知活动。

而大脑运作的机制，是生命不停，认知活动不止。即便我们一动不动，看似在休息或什么都没做，大脑也可能在高速运转。

这种高速运转，可能会导致我们不堪重负。

有效补充与分配资源，首先需要的不是休息或远离挑战，而是反复练习清晰地觉察并处理大脑失控的活动。

这是可练习、可改变，却异常艰难的领域——一切自我改变，都意味着艰难。

当然，这也可以是非常简单的领域：保持良好的睡眠，并避免与生命目标或此刻行动无关的一切干扰。

第九章

决策的逻辑

——依托于感受而非理智

第一节

到底选哪个：
在决策中，感受处理永远是第一位的

我：“在生活中，你有选择的苦恼吗？”

女儿：“当然，我现在正头疼如何申请大学。不过，对于你前面说的‘知道得越多，就会越困惑，越无法做出抉择’，我持保留意见。”

我：“当然，这句话是有前提的，如果我们受困于感受，并因此丧失了清晰思考的能力，那么知道的东西越多，就会越纠结。我带你看一个故事。”

我到底该选择什么礼物

学姐邀请我参加她的生日聚会，我突然有一种被需要的感觉，特别开心，想给她选份礼物。

在网上挑来挑去，准备买瓶香水，可便宜一点儿的，我觉得不好，因为这一年她真的很照顾我，何况她马上就要毕业了。可买贵一点儿的吧，我又会想会不会太浪费钱？之前爸妈过生日，我都没买这么贵的礼物，虽然她一直帮我，但难道会比爸妈还重要？

于是我思来想去，左右为难……一转眼，我发现天都快亮了，而我还没做完这件事！瞬间我开始崩溃大哭。

我不知道自己为什么哭。这件事情说起来很搞笑，我有钱，礼物也送得起，我的脑回路可能有问题吧。我哭了好久才停下来。我连挑礼物这种小事都做不

好，唉！

女儿：“真可怜，熬了一晚上却什么都没干。”

我：“是的，困境中的来访者通常会说自己难以做出选择，这是有原因的。选择有 3 种不同的路径，依托于感受、依托于理智或者两者兼顾。依托于感受时，选择很简单，除非是身体感知能力在长期的自我控制中已变得麻木、迟钝的来访者。但依托于感受，有时也会带来意想不到的伤害：成为感受控制下被动反应的奴隶。与此对应，依托于理智时，选择会变得麻烦——就像故事里的姑娘，理智总能发现选项背后的利弊，以至于我们无法做出‘完美’的选择。”

女儿：“你有没有觉得自相矛盾？前面你说‘受困于感受，丧失了清晰思考的能力会导致我们决策时更加纠结’；现在你又说‘依托于感受做选择很简单，依托于理智会导致无法找到完美的选择’。”

我：“这两种说法，其实讲的是一件事，在生活中，从来没有‘完美’的选择——每一个选择，大脑都能看到其有利或不利的一面，所以，这必然会诱发感受的变化。如果无法处理由此而来的感受变化，思考越多，感受冲击就会越大。也因此，有效的决策，需要兼顾感受与理智。”

女儿：“所以你并不赞同用理智的方式做选择？比如一些专家建议的‘在纸上写下不同的选项，分列其优缺点，比较后再做出选择’。”

我：“我从来不排斥理智，但要想使理智发挥作用，需要这样一个前提，有能力处理感受变化。你提到的这一方案，其实建立在‘人是理智的，所以决策应该有理智’的假设之上。我们前面已经反复看到，这一假设在多数时候并不成立，尤其是在无意识带来的无知状态下。”

来访者案例：我究竟该骑车还是打车

于老师，我实在是受不了了，只能向你求助。

今早七点，我准备出门保养皮肤，可爸妈说有事儿没法送我，让我自己去美容店。

我很自然地就想打车。但与此同时，一个念头蹦了出来：我真是太浪费了。

于是，我告诉妈妈内心的想法和犹豫，她非常开心："闺女，你知道要帮妈妈省钱了，真懂事儿。那你就骑自行车去吧，既省钱又锻炼身体。"

妈妈的话让我更犹豫了：骑车要半个多小时，大夏天的，又热又晒，我本来就是因为皮肤有问题才去保养，骑车去，皮肤不就更不好了吗？

然后，打车去还是骑车去的念头，就一直困扰着我。我特别难受。之前有老师教过我一个方法，我找了一张纸，写下了骑车、打车两个选项，也很认真地把每个选项的优点、缺点列在上面，但是我看着它们，一直纠结了两个多小时还是无法做出选择，我感觉自己要崩溃了！

女儿："因为感受处理不了，所以理智就成了摆设，甚至是新的痛苦源泉？"

我："当然。在生活中，很多陷入心理困境的来访者都面临着各种决策难题，这背后其实都是无法处理感受导致的理智无效空转。在资源运作的逻辑中，我们说过，身心俱疲就是空转的结果。"

女儿："你的意思是处理了感受也就不需要再做选择？"

我："确切地说，有效处理了感受，选择可能会不复存在，也可能继续存在却不再会困扰我们。我们知道，在感受糟糕的状态下，大脑会无意识地努力思考，会试图寻找不同的方案来让自己摆脱困境，比如学习受挫时我们可能会选择是否休学，工作受挫时我们可能会选择是否辞职换工作，爱情或婚姻受挫时我们会选择是否要结束爱情或婚姻……有一天，当我们能清晰地观察到这些无意识的努力只是感受变糟的结果，同时也是将感受推向更糟的诱因（而非我们以为的解决方案），那我们自然会停止选择而优先处理感受。当感受变好时，很多看似难以抉择的困境自然会消解。比如一个与父母冲突不断的孩子会持续纠结于‘继续在家门口上学还是去异地上学以远离父母’，可当她的父母完成了自我转变，开始有能力倾听她的挫败、委屈、愤怒时，她自然会留在家门口上学。"

女儿："决策不是有意识的吗？为什么你会说决策是‘无意识的努力思考’？‘无意识’和‘努力思考’这两者不矛盾吗？为什么要将它们并列？"

我："有意识意味着敏锐的观察和清晰的理解。之所以是无意识的努力思考，是因为此刻思考者无法觉察并理解自己的现状，‘我在努力思考，这种思考不仅没有帮到我，反而在此刻将生命导向了更大的苦难’。这种活着却不自知的状态，存在于每个人身上。我们以为选择是最重要的，只要做出了选择就能万事大吉，但我们错了，选择从来不是决策的核心，感受处理才是！"

第二节

什么决定着我们的选择：决策的本质，是感知身体体验

女儿："虽然我相信你，但是我觉得很多人都难以接受你说的'感受处理才是决策的核心'。"

我："不要简单地相信我，尝试在生活中观察我所呈现的事实。离开了此刻清晰的观察与理解，所有的行动都不过是在重复过去的经验，也因此我们会反复在痛苦中轮回而不自知。

'自以为知道实则一无所知'的现象，不仅体现在行为、认知、注意等逻辑中，也体现在决策的逻辑中。人类只是感受的奴隶，所谓的'能依托于事实做出理智决策'，多数时候不过是自欺欺人的语言。"

什么决定着我们的选择

阿克曼等研究人员想搞明白为什么一个人的态度、表现会多变：有时随和，有时苛刻；有时温暖，有时冷漠。

于是，他们组织了一场魔术表演，邀请路人观看并作为被试参与其中。在一个环节中，魔术师邀请被试检查道具：一半被试拿到的是坚硬、粗糙的砖头，另一半被试拿到的是光滑、柔软的毛毯。

检查过后，研究人员会告诉被试魔术表演要推迟一段时间。在这段时间里，让他们完成另一项看似与魔术毫无关联的任务：阅读一段含糊记录员工和老板对

话的文字，并为员工的几项性格特征打分，其中有几项性格特征与古板和倔强有关。

结果，相比于触摸过柔软毛毯的被试，触摸过坚硬砖头的被试更可能认为这名员工古板和倔强。但在开朗、严肃等其他特征的判断上，两组被试的答案没有显著差别。

研究人员由此断言：对软硬的感知会直接影响有关性格软硬的判断。

在另一项研究中，研究人员不是让被试触摸软硬物品，而是让他们坐在木椅或软椅上，然后想象自己正在一家汽车销售公司，准备购买一辆贴有价签的汽车。按实验要求，由于第一次出价没有达成协议，被试要进行第二次出价。结果，坐在软椅上的被试，在价格上的让步相比坐在木椅上的被试要更大——软椅让他们成了议价决策中的软弱者。

女儿："这个我有体会，在人际互动中，如果一个人身体僵硬，梗着脖子时，他的态度就会非常固执，很难改变。"

我："确实，感受直接决定着我们的行为和决策。"

什么决定了一杯茶水或咖啡的价格

梅丽莎·贝特森等在茶水间里完成了一项有趣的研究。

多年来，这间办公室的职员一直都是自掏腰包来买茶水或咖啡，他们把每杯茶水和咖啡的建议价格写下来贴在墙上，上班时每次去接茶水或者咖啡时，便把相应的费用投到一个诚实盒里。

有一天，研究人员在价格表的上方贴了张带照片的横条。在接下来的 10 周里，每周研究人员都会更换横条上的照片：第一周是一双眼睛，好像在盯着面前的人；第二周眼睛会被换成一些鲜花；第三周又换成眼睛；第四周再换成鲜花……

结果，实验开始的第一周，在“眼睛”的注视下，人们投进诚实盒的钱平均达到了 0.7 英镑；第二周，将眼睛的照片换成鲜花的照片后，投币的平均值降低到不足 0.2 英镑；第三周，在新的“眼睛”的注视下，投币的平均值又上升到 0.35 英镑；第四周，换成鲜花的照片后，投币的平均值又减少到 0.1 英镑……

这个趋势持续着，“眼睛”好像有魔力，让人们“自愿”投入更多的钱。从 10 周投币的平均值来看，人们在“眼睛周”投入的钱，是“鲜花周”的 3 倍。

女儿：“有意思，正好我在做一个类似的校园项目，我把这个研究成果用到我的项目里试试。不过，为什么眼睛的照片会让人投入更多的钱？”

我：“还记得感受好逻辑吗？人是社会性动物，也因此会受制于形象带来的社会压力。当被“眼睛”注视时，我们会无意识地努力维护良好的自我形象——慷慨就是良好的形象。”

女儿：“我很好奇，既然感受一直在有意无意地影响决策，那我们还有没有机会完全依托于理智做决策？”

我：“在医学上，达马西奥分享过自己的一个病例。这位病人在前额叶皮质受损后，几乎失去任何表达情绪的能力，但与此同时，他的逻辑分析能力、推理判断能力，以及智商都没受到任何伤害。看起来，他的生活本不该受到影响，但实际上，因为感知不到情绪的变化，他丧失了选择能力——生活中，他实际选择的，基本都是理智分析时认为有问题、不该选的。结果，仅仅几个月，他就丢掉了原来拥有的一切。”

女儿：**“没有所谓理智的决策**？”

我：“当然。所谓理智的决策，依然依托于感受：理智所陈列的每一个选项，都会唤醒某一种或某些感受，然后，理智会对比不同的感受，并最终选择那个可以唤醒最优感受的选项。因此，决策的实质，就是对决策所唤醒的感受的预测与衡量。我带你看一个经典的电车困境。”

我究竟要不要行动

汤姆森利用电车困境，做了一项对比研究。

他让被试想象在下面场景中，自己会如何抉择？

一辆失控的有轨电车正冲向 5 个人，他们对此一无所知，而被试看到了这一切，如果他什么都不做，这 5 个人必死无疑。想拯救这 5 个人，唯一的方法是拉下身边的换轨杆，让电车变轨。如果这样做，另一条轨道上一个无辜的人就会被撞死。那么，你会选择让电车变轨来拯救这 5 个人吗？

在这种场景下，大多数人的答案是“会”，毕竟救 5 个人似乎更重要。

然后，汤姆森改变了想象的场景，让被试再次做出选择。

你站在过街天桥上，旁边有一个陌生人，体形较胖。远处一辆失控的有轨电车飞驰而来，如果你什么都不做，它将从桥下直接通过并撞死轨道上的 5 个人。此刻，如果你把旁边的陌生人推下去，让他掉到轨道上，那么他的身躯就会拦停失控的电车并拯救这 5 个人。不过，陌生人也会因此丢掉性命。那么，你会选择推他下去来拯救这 5 个人吗？

在这种场景下，大多数人的答案是“不会”。

女儿：“虽然从理智的角度来看，被试在这两个场景中面临的抉择相同，但是被试做出了不同的反应。其实，如果我是被试，我也不会选择推陌生人下去。为什么会有这种区别？”

我："要理解区别，需要综合运用已经呈现的认知、注意、记忆、感受以及行为等的逻辑。我们说过，预测机制是认知的核心逻辑，而预测又依赖于工作记忆，依赖于即刻的注意运作。同时，我们也说过，注意、短时工作记忆，只能优先加工一项认知活动，在完成加工前，其他认知活动都需要排队，无法进入我们的意识世界。所以，在第一个场景中，注意的运作机制决定了我们会优先关注即将丧失生命的5个人，这会唤醒我们拯救他们于危难的价值感，与此同时，因为注意力被占据，我们暂时不会有能力关注会伤害另一个人这件事。于是，在价值感的驱动下，我们会选择拯救多人。而在第二个场景中，注意的运作机制决定了我们会优先关注'推陌生人下去'，这会唤醒伤害到无辜生命的痛苦感，而远离痛苦是生命的本能。因此，此刻我们只想停止有害的行为，而无力关注并处理5个人亟待拯救这一事实。"

女儿："决策背后，是对感受的评估；而感受好坏，取决于注意、记忆等不同的机制。"

我："是的。对上述研究中表现的差异，马克·豪泽给了一种解释，如果在为了获得更大利益而行动的过程中产生了伤害他人的副产品，这可以接受；但运用伤害人的手段来获得更大的利益，这就是不被允许的。这种解释在我看来，其实过于理智。在遭遇挑战的那一刻，我们的选择其实更多依赖于注意、记忆、感受等自动化的运作。只有当我们充分理解了人性并有能力清晰地看到此刻的事实时，理智才有机会超越感受发挥作用。"

女儿："理解人性很难，所以我们只能接受感受帮我们决策的事实？"

我："我反复强调一个观点"片面的理解只是自以为是"。就像经验可以服务于生命，但也可能伤害生命一样，感受帮我们做决策，这是进化的结果。它虽然会在某些情境下给我们带来伤害，但在更多的情境下，它是我们最好的保护伞。"

虽然无法时刻保持安全，但是我们可以识别并远离风险！

艾奥瓦大学的安托万·贝沙拉等开创了一套方案：用纸牌博弈任务来研究人们的决策机制。

该研究的实验道具包含 4 张桌子，每张桌子上有一堆纸牌，并被分别标记为 A 组、B 组、C 组、D 组，以及一些看上去与真钞一样的游戏纸钞。

实验开始前，研究人员会借给被试 2000 美元的游戏纸钞，并告知他们 3 个规则。第一，实验中他们的目标是尽可能少输钱、多赚钱。第二，实验中他们需要不断地翻纸牌，直到研究人员主动停止实验。第三，每翻开任意一张纸牌，他们都会得到一个输赢信息，比如“你赚了 100 美元”，或者“你需要支付 1000 美元”。

除此之外，每张纸牌的得失额、纸牌和桌子间的关系、不同纸牌之间的关系和顺序，事先都不会告知被试，只有在纸牌被翻开后，研究人员才会告诉被试每张牌的得失额。此外，实验中不允许被试做笔记。研究人员隐藏的奖赏规则是：如果是赚钱，那么 A、B 组每张牌会获得 100 美元，而 C、D 组每张牌则只能获得 50 美元；但如果是输钱，那么 A、B 组纸牌偶尔会亏一大笔钱，有时甚至高达 1250 美元，与此不同，C、D 组纸牌的金额平均来说少于 100 美元。所以，整体平均下来，A、B 组纸牌最终会亏钱，而 C、D 组纸牌最终会赢钱。这个隐藏规则贯穿实验过程。被试在开始时无法预测接下来会发生什么，也不可能准确记住得失。实验的设置基本上还原了真实世界的决策过程：只能通过经验积累和内在偏好来决定如何抉择。

在实验中，身心健康的被试，一开始会尝试所有 4 组纸牌来寻找游戏规律。之后，受到 A、B 组纸牌高回报的诱惑，他们会偏向于翻开这两组纸牌。但随着游戏的进行，他们慢慢产生了一种有意识的直觉，一般在 30 轮之前，他们就有能力得出哪组牌是好的，哪组牌是不好的，并偏好翻开 C、D 组纸牌。大部分身心健康的被试，之后都会坚持翻开 C、D 组纸牌，直到游戏结束。

在这项研究中，贝沙拉最关注的并不是被试何时会意识到不同牌组的区别，她关注的是在被试产生直觉认识前，也就是虽玩过几轮，却只能靠直觉随机选择时，有没有线索能提示他们该怎么做。因此，她在研究中利用了皮电测量技术。

结果，她惊奇地发现，虽然被试在意识层面无法清晰说出哪一组牌更好，但当他们要从不好的一组牌中选择一张时，他们的手会开始出汗，因此皮肤电传导性会下降！这就证明，清晰的识别与决策意识，建立在感受经验累积之上！

女儿："有意思，这个在前面就提到过，我们真正知道的和我们意识到自己知道的，存在着巨大的差距。"

我："是的，感受才是决策真正的依据。只是我们要么对此一无所知，要么不愿意承认。"

女儿："所谓的选择困难，不是理智的问题，而是感受的问题？也因此要帮助来访者走出选择困难，需要提升识别并处理感受的能力，而非做出更多的分析思考？"

我："当然，错误的归因会带来有害的行动。更多的思考，只意味着更强烈的纠结与冲突，以及更匮乏的资源，这些都会带来更糟的感受；而更糟的感受，将进一步加剧选择困难，这就是我们反复说过的南辕北辙。"

第三节

为什么不存在完美决策：多变的注意力，会带来多变的感受

女儿："如果思考意味着更强烈的纠结与冲突，那我们就不需要思考了吗？"

我："当然不是。你看，我们很容易得到有害的结论。前面我们在呈现一个事实，决策依托的不是思考，而是思考所诱发的感受变化。那么，要想有效决策，我们的走向就不是拒绝思考，因为那意味着在拒绝经验或拒绝人类几千年来积累的智慧——这就是愚蠢。我们要走向的，是有效识别并处理感受，然后在摆脱感受束缚后清晰地思考。"

女儿："清晰地思考？"

我："是的，这需要我们进一步理解决策的逻辑——在决策中，感受的变化，源于注意力变化导致的经验调用、评估、预测等活动。"

谁更友善？那要看我能够唤醒什么经验

鲍威尔·勒维克设计了一项实验，他要求来自华沙大学的一组学生（第一组）从两张女士（某甲、某乙）的照片中选出一个看上去比较友善的，结果两张照片被选择的比率是相等的。

而第二组学生在选择前先与一位热情、友善、长相像某甲的实验者进行了交谈，结果他们选择某甲、某乙的照片的比率变成了 6 ：1。

第三组学生在选择前与一名研究人员做了先期互动，但过程很不愉快。结果，

随后的选择中几乎没有人选择与研究人员长相相似的女士照片。

女儿："如果我没理解错，这是工作记忆造成的偏见吧？"

我："是的，大脑运作的机制，就是自动调用经验并唤醒相应的体验，以此指导此刻的行动。其实，所有的决策都依赖于这种自动化的调用、评估、预测过程。"

决策的逻辑一：风险偏好与风险厌恶

经济学研究一直遵从一个基本的假设：人是理性的，也因此，其行为逻辑会是稳定可预测的。数学家约翰·冯·诺依曼和经济学家奥斯卡·摩根斯顿提出的"理性选择理论"，就是该假设的代表。

1952 年，经济学界在巴黎召开了一次讨论风险决策的大会，诺贝尔奖得主萨缪尔森、阿罗、弗里德曼等很多著名的经济学家均出席了此次大会。会上，莫里斯·阿莱斯为众多经济学家准备了几个关于决策的问题，试图证明理性人假设是有缺陷的。其中一个问题如下。下面两个机会：有 61% 的概率赢得 52 万美元，或者有 63% 的概率赢得 50 万美元，你会选择哪一个？

面对这个问题，与会的著名经济学家都能基于理性人假设选择前者，因为 61% × 52 万 =31.72 万的结果，要大于 63% × 50 万 =31.5 万的结果。

这符合逻辑。这一选择表明，我们愿意为获得更高的收入而追逐风险。

然后，莫里斯·阿莱斯抛出了第二个问题：有 98% 的概率赢得 52 万美元，或者有 100% 的概率赢得 50 万美元，你会选择哪一个？

几乎无一例外，每个人都会放弃第一个选项而选择第二个。

这些以理性著称的经济学家并没有留意到，在这个过程中，自己做出决策的

逻辑已经自然发生了变化：前者，偏好搏一把的风险选择依托于理性的计算；后者，厌恶搏一把的确定性选择则抛弃了理性计算，因为98% × 52 万 =50.96 万 > 100% × 50 万 =50 万。

女儿：“如果是我，我也会在第二个条件下改变主意，选择第二个选项。”

我：“恭喜，你在决策能力上和诺贝尔奖获得者没什么两样！我们的决策从来都是富有理性和逻辑的，只是这个理性逻辑，与大家默认的不同，它从来不是一成不变而是灵活多变的。”

女儿：“其实我没感觉前后两个选择决策逻辑有什么不同。”

我：“莫里斯·阿莱斯本人也失望地发现，那些著名的经济学家，在发现决策依据发生变化时，也没有给出他期待的回应。”

女儿：“是不是大家没理解发生了什么？”

我：“是的。每个人都活在自己的经验里，也因此会选择性地关注能支撑自己信念的信息，而自动忽略那些会挑战自己信念的信息。结果，到场的经济学家们都因此丧失了学习和发现的能力——第一次，决策的逻辑是风险偏好，是用更低的概率追寻更多的回报；第二次，决策的逻辑是风险厌恶，是用更高的概率追逐更少的回报。这两种逻辑截然不同，但他们没有留意到，并因此对这一事实视而不见。”

女儿：“前后决策的逻辑真的差距很大。”

我：“是的，我们在生活，却未必理解生活的逻辑。在感受的驱动下，看似理性的决策有可能会自相矛盾。我带你看看丹尼尔·卡尼曼与阿莫斯的一项研究。”

理性决策为什么不理性了

他们让被试完整阅读选择一和选择二的内容，然后做出最有利的选择。

选择一：从 A、B 中做出选择。

A：肯定能赚到 240 美元。

B：有 25% 的概率能赚到 1000 美元，但 75% 的概率什么也得不到。

选择二：从 C、D 中做出选择。

C：肯定会损失 750 美元。

D：有 75% 的概率会损失 1000 美元，有 25% 的概率没有损失。

在研究中，面对上面两个选择，73% 的被试会在选择一中选择 A，同时在选择二中选择 D；与之相比，只有 3% 的被试同时选择了 B、C 两个选项。

在感受的逻辑中，我们知道生命的本能是离苦得乐，所以被试的选择是合乎逻辑的：在选择一中，面对确定性收益，我们会靠近；而选择二中，面对确定性损失，我们又会回避。

现在，尝试从下面两个选项中做出选择。

选项一（A+D）：25% 的概率能获得 240 美元，75% 的概率会损失 760 美元。

选项二（B+C）：25% 的概率能获得 250 美元，75% 的概率会损失 750 美元。

现在，你会选择哪一个？

女儿："最后一个问题太简单了，虽然两个选项赢输的概率都是 25% 和 75%，但明显选项二赚钱时比选项一多，赔钱时比选项一少。那我肯定倾向于选项二啊。"

我："你留意到选项一和选项二与上面研究中的 A、B、C、D 的关系吗？选项一是 A 和 D 组合后的结果，选项二是 B 和 C 组合后的结果。"

女儿："让我看看，好像确实如此。在单独面对 A、B 和 C、D 时，我觉得自己做出了正确的选择；单独面对 A+D 和 B+C 时，我也觉得自己做出了正确的选择！可为什么前后两次选择的结果却是自相矛盾？哪里出了问题？"

我："不错，你注意到了看似无懈可击的正确选择所蕴含的悖论。至于为什么会这样，我问你一个问题：感受是否可以简单叠加？比如昨天我心情愉悦，情绪可评估为 +10 分；今天我非常难过，情绪可评估为 –10 分。那么，要评估这两天整体的情绪，我可不可以直接把两者相加然后除 2，得到一个新的分数 0 分，然后告诉自己这两天我的情绪不好也不坏？"

女儿："这太荒谬了！快乐与悲伤都是真实的，它们彼此独立，无法被累积平均。"

我："不错，理解了感受无法相加、无法平均，就有机会理解上面发生的事情：第一次要从 A、B 中做出选择时，面对确定的收益和不确定的收益，我们的大脑会优先追寻确定性，从而厌恶风险，于是基于风险厌恶策略，选择了让我们感受好的 A 选项。第二次要从 C、D 中做出选择时，面对确定的损失和不确定的损失，我们的大脑又会被确定性的损失伤害，我们不想要既定的损失，希望搏一把从而让自己远离损失，哪怕这意味着更大的损失，但是我们甘冒风险。于是，基于风险偏好策略，我们选择了让自己感受更好的 D 选项。"

女儿："我理解一下，这两次选择，大脑虽然都依托于感受好准则，但所调用的决策逻辑是不同的？"

我："非常准确。前者是风险厌恶，后者是风险偏好。不一样的标准，自然带来了整体结果的不可衡量。"

女儿："因为感受相加没有意义，所以感受驱动的决策结果相加也没有意义。只不过，我们看不到这个事实，所以会想当然地以为理智决策的结果相加依然会是理智的！这就是悖论的来源？"

我："正是如此。'追逐确定性收益而远离确定性损失'，是大脑决策的核心逻辑之一。可惜，任何选择都存在两面性：既可以是收获，也可以是损失。随着注意焦点的变化，选择所唤醒的感受也会变化，这就是完美决策不存在的根本原因。"

女儿："我突然想到之前看过的一个例子，医生告诉病人手术后一个月内的生存率是 95%，或者手术后一个月内死亡的概率是 5%。这两种说法带来的手术意愿是截然不同的。"

我："是的，这就是语言对生命的束缚。要想清晰地思考并有效地决策，我们需要识别并处理不同的决策逻辑以及背后的束缚。"

女儿："在风险厌恶与风险偏好之外，还有哪些决策逻辑？"

第四节

决策的 8 种逻辑：
我们更喜欢简单易懂的奇闻轶事

第三节中已经讲到决策的逻辑一是风险偏好与风险厌恶，接下来讲解决策的其他逻辑。

决策的逻辑二：权力影响人们的决策机制

最后通牒游戏：决策依托于权力

诺贝尔经济学奖获得者弗农·史密斯教授设计了一项实验：给被试（简称戴夫）100 美元，并让他与另一人（简称阿尔）分享。

戴夫要告诉阿尔自己拿到多少钱，准备给他多少钱。如果阿尔接受戴夫的分配方案，两人将按方案分配 100 美元；但如果阿尔拒绝了戴夫的分配方案，那么 100 美元要还给研究人员，两人什么都得不到。

从理性来看，即便戴夫给阿尔 1 美元，阿尔也会接受，因为总比一分钱都没有要好。但在现实中，阿尔不会这样理智——当分配方案背离了公平时，他会选择用拒绝来惩罚戴夫。

实际上，玩这个游戏的多数人都会提议给对方 50 美元。然而，如果实验条件改变，阿尔必须接受戴夫的任何提议（此时权力完全归属于戴夫），那么戴夫就不会再慷慨。当戴夫认为阿尔不知道自己的身份（信息不对称，或者身份不对称时，公平不再重要）时，有 70% 的人在新的游戏中不会给对方一分钱。

后来，弗农·史密斯教授改变了游戏模式，从只玩一次变为重复很多次，同时一次游戏分为很多轮，戴夫和阿尔在第一轮中都可以选择拿钱或不拿钱，如果双方都选择不拿钱，就进入下一轮，而每一轮的金额会随着轮数的增加而增加。最终，如果到了特定的轮数，双方都决定不拿钱时，钱会归戴夫且游戏结束。此时，很少有人会在游戏结束前拿钱，大家都会等到最后一轮，然后期待着下一次游戏中对方能如此反馈自己。

女儿："可怕，权力真的会影响人。"

我："是的，权力会影响大脑自动化的语言，进而改变我们决策的机制。在夫妻关系、工作关系中要想真正实现公平，就需要构建彼此权力对等的关系。"

女儿："怎么构建？"

我："虽然做起来很难，但说起来其实很简单——提升自己的能力，让自己拥有对方需要的价值。"

决策的逻辑三：工作记忆拥有超凡力量

德国维尔茨堡大学的伯特·恩利希等以一批平均任职时间超过 10 年的资深法官为被试，设计了一系列实验。

其中一个实验，是将法官们分成两组讨论一个真实的案例，并仔细考虑量刑。在讨论的间隙，两组法官分别接到媒体的采访电话。对第一组法官，记者询问他们："关于这个案子，你们给出的判罚会多于 3 年还是少于 3 年？"；对第二组法官，记者询问他们："关于这个案子，你们给出的判罚会多于 1 年还是少于 1 年？"

结果，两组经验丰富的法官给出的判罚出现了巨大差距：第一组法官给出的平均判罚是 33 个月，而第二组法官给出的平均判罚是 25 个月。

在另一个实验中，研究人员给法官们呈现了一名妇女在商店偷窃的案例。之后，法官们会被要求先掷一副骰子，这副骰子被研究人员做过手脚，最终的投掷结果要么是 3，要么是 9。然后，研究人员据此询问法官：是否会将这名妇女送进监狱？如果是，其服刑的时间应该比骰子上的数大还是小？最后，法官会被要求给出具体的刑期。结果，那些掷了 9 的法官给出的平均刑期是 8 个月，而那些掷了 3 的法官给出的平均刑期只有 5 个月。

女儿："即便是受过专业训练，看似公正客观、不易受内外因素干扰的资深法官，决策时也难免会偏离公正客观。"

我："是的。我们讲过注意的逻辑——注意创造此刻的生命现实，我们也讲过记忆的逻辑——工作记忆决定了我们此刻的表现和所能加工的信息，我们还讲过认知的逻辑——我是自由的，我也一定是对的。此刻法官脑子里转动的数字，就构成了决策的干扰因素。在心理学领域，这也被称为锚定效应。"

女儿："锚定效应是你常说的经验束缚？"

我："这只是其中一种。生命运作依赖于经验，但也因此受困于经验。你提到了'客观公正'，其实，无法摆脱经验束缚，就永远做不到客观公正。"

女儿："不过，这项研究让我又掌握了一种影响他人的有效方式。"

我："很聪明。古代臣子上书皇帝，言必称尧舜，就是在利用这一效应。丹尼尔·卡尼曼等做过一项研究，询问游客愿意为海洋污染治理捐赠多少钱。当他们不给提示时，游客平均捐款金额为 64 美元；当他们询问'你是否愿意花 5 美元……'时，游客平均捐赠金额为 20 美元；当他们询问'你是否愿意花 400 美元……'时，游客平均捐款金额会高达 143 美元。可见，妥善利用锚定效应，确实可以影响他人的行为。"

女儿："这真的让我跃跃欲试了。"

我："是的，清晰理解生命运作的逻辑，就是为了让它更好地服务于我们的生活。不过，这里要留意，锚定效应可以让数字有意义，但在另一些场景中，数字也可能毫无意义。这两种决策逻辑可以同时并存。"

决策的逻辑四：数字的绝对值无关紧要

1989 年，美国埃克森公司的一艘巨型油轮瓦尔德斯号在美国阿拉斯加州附近触礁，原油泄漏高达 3000 多万升，在海面上形成一条宽约 1 公里、长达 800 公里的漂油带。事故发生地点原本风景如画，盛产鱼类，海鸟、海豚、海豹成群。事故发生后，礁石上沾满一层黑乎乎的油污，不少鱼类、海鸟因此死亡。

一组研究人员据此设计了一项实验：他们将被试分成 3 组，分别给他们呈现一张悲惨的照片：一根羽毛浸泡在黏稠的原油中、被淹死的无助的小鸟。

看过这张照片，研究人员会询问被试是否愿意掏钱来拯救这些陷入危险的小鸟。对第一组被试，他们说亟待拯救的鸟有 2000 只，第二组是 20 000 只，第三组是 200 000 只。

最终，3 组被试平均捐款金额分别是 80 美元、78 美元和 88 美元。

女儿："鸟的数量没有发挥作用？"

我："是的，当启发数字与决策数字分别指向不同的内容时，锚定效应就消失了。此时，决策只与人们被唤醒的感受有关。"

女儿："那我有个问题。联合国粮农组织总干事曾说由于战争影响，全世界面临饥饿威胁的人数已经从 2 亿多上升到 3 亿多，还有一个数字说全世界将有 17 亿人面临饥荒。如果你说的是对的，决策与数字的绝对值无关，那是否意味着联合国用数字强调问题紧迫性的策略是错误的？"

我：“这要从不同的角度来看。抛开政治层面的意义，单从唤醒个人参与意识的角度来看，这肯定是无用的。其实判断这一策略是否有用，问自己就可以。我问你，看到那几个骇人听闻的数字，你有什么感受？”

女儿：“好像没有特别强烈的感受。这是不是说明我麻木不仁？”

我：“当然不是。在生活中，我们自认为‘知道’很多事情，但这些‘知道’，并不意味着真正的理解。而没有清晰的理解，这种‘知道’就是‘自以为知道实则一无所知’。我再问你，饥荒这个词对你有意义吗？”

女儿：“好像意义不大。”

我：“是的，除了先天遗传的影响，我们的感受更多是后天成长中接触到的直接经验的产物。你从没体会过食不果腹，自然无法真正理解‘饥荒’意味着什么。你之前上过摄影课，看过关于非洲饥饿儿童的照片吗？”

女儿：“看过，他们骨瘦如柴，让人很难受。”

我：“你看，此刻你的感受被唤醒了，这说明你不是麻木不仁。什么带来了这种变化？”

女儿：“图片更容易理解，所以冲击力更强？”

我：“是的。感受包含两种不同的生命活动，一是身体体验变化，二是大脑经验解读。在生活中，当解读出现偏差，感受就会有所不同。在困境中，很多来访者会说自己没有感受，很多家长也会说孩子非常不懂事，好像丧失了感情，不懂得体谅家人。你现在理解为什么会出现这些现象了吗？”

女儿：“跟我面对‘饥荒’这两个字一样，解读出了问题？”

我：“是的。当我们过于关注自己时，会关注不到他人；当我们不理解他人时，就无法展现出符合对方期待的感受。一切所谓的情感淡漠、麻木，其实都源于注意力匮乏或经验偏差。”

女儿：“我很好奇，如果联合国工作人员想倡导更多人支持弱势人群，那有效的策略是什么？”

我：“复杂的问题很难有简单的答案。不过，斯洛维奇等人关于应对饥饿的研究表明，与其告诉人们慈善机构正在努力挽救数百万名饥民，不如给他们看 7 岁女孩 Rokia 的照片——这可以让人们捐更多的钱。另外，有一个事实是清晰的，我们真正关注的，都是与我们相关、易于被理解的。相比于难以理解的绝对数字，我们更容易理解相对数字，也就是数字间的对比。”

决策的逻辑五：数字的相对值意义重大

特沃斯基等设计了一项研究，邀请被试想象两个不同的购物场景。

场景一：采购商品，其中一件是 DVD 播放机。在一天要结束时，在一家店里发现了想要的品牌和型号，价格是 100 美元，这个价格合理但不是最优惠的，之前在另一家店里，你看到的同款产品的售价是 65 美元。但要去那里，意味着回家的路上你会绕路 30 分钟。那么，你会如何抉择？在这里花 100 美元买下 DVD 播放机然后直接回家，还是绕路去另一家店用 65 美元买下同一款产品？

场景二：采购商品，其中一件是笔记本电脑。在一天要结束时，在一家店里发现了想要的品牌和型号，价格是 1000 美元。这个价格同样合理却不是最优惠的，另一家店里同款产品的售价是 965 美元。但要去那里，你需要在回家的路上绕路 30 分钟。那么，你会如何抉择？花 1000 美元在这里买下笔记本电脑，还是绕路去另一家店用 965 美元买下同一款产品？

该研究显示，大多数人会为了节约 35 美元，绕路购买 DVD 播放机，但很少人会为了买笔记本电脑绕路。

这再次与标准的经济学模型产生了矛盾：同样的金额，我们的选择不同。为了搞清人们究竟会为了多少钱绕路 30 分钟，有研究人员做了更详细的调查。结果发现，人们愿意绕路的金额从 2.82 美元（购买 3 美元的钢笔）到 682 美元（购买 3 万美元的汽车）不等。

女儿："这听起来确实不合理。有时我们会为了节省几元绕路，却不愿意为节省几百元做同样的事情。"

我："是的，曾经有一次我到楼下商店买 2B 铅笔，结账时店员说 1 支要 2 元！当时我就很生气，因为我记得之前在别处买的价格是 1 元。所以我就走了 15 分钟，去到附近另一家商店买。"

女儿："你为了省 1 元而走路 15 分钟？"

我："是不是很蠢？其实那一刻我脑子里想的不是要省钱，而是很愤怒，所以我愿意舍近求远。"

女儿："看样子你也逃不开人性的束缚。"

我："当然，生命运作的机制，适用于所有人而非某些人。清晰地理解了这一点，我们很容易就能远离自责、内疚、羞愧等糟糕感受。回到数字问题上，我们前面探讨注意和感受时，提到过一项实验——向托着的盘子中增加金属屑来测试身体感知能力，你记得结果是什么吗？"

女儿："我记得。身体能否感知到变化，不取决于绝对重量，而取决于相对重量变化。"

我："是的。决策的逻辑与此类似，我们决策时真正依托的，是相对值而非绝对值。克里斯特尔・霍尔针对 123 名高收入被试的重复研究显示，同样是省下 50 美元，如果商品价格为 100 美元，54% 的被试会建议绕路；但如果商品价格为 1000 美元，只有 17% 的被试会建议绕路。"

女儿："或者，我可不可以换个角度，始终建议绕路的人是守财奴？"

我："这是个有意思的角度。是否是守财奴这个问题先放在一边，这里你用到了一种决策模式——典型性。”

女儿：“我都没注意到我做了决策。”

我：“你看，你通过‘始终坚持绕路’现象判断，这些人是守财奴。这就是典型性决策机制，利用典型的特征来定义眼前的事物，哪怕我们会因此背离理性。”

决策的逻辑六：典型性价值大于严谨的逻辑结果

特沃斯基和丹尼尔·卡尼曼精心设计了一位虚拟女士琳达的介绍：31 岁，单身女性，直率且聪明，大学期间主修哲学，关心歧视和社会公正问题，还参加了反核示威游行。

在研究中，当被试看过介绍后，他们向被试呈现了 7 种可能与琳达相关的描述，让被试根据概率大小进行排序。其中有两个选项分别是“琳达是银行出纳”“琳达是银行出纳，且积极参与女权运动”。

最终，研究人员惊奇地发现，大多数被试在排序时，都认为“琳达是银行出纳，且积极参与女权运动”的概率要高于“琳达是银行出纳”。

后来，研究人员在斯坦福大学商学院招募了一批研究决策科学的博士作为被试，这些博士都学过概率论、统计学、决策论的高级课程。结果，85% 的博士也认为“琳达是银行出纳，且积极参与女权运动”的概率更高。

丹尼尔·卡尼曼在谈到这项研究时，描述了生物学家斯蒂芬·杰·古尔德作为被试时的纠结：“我当然知道问题的正确答案是，‘琳达是银行出纳’的概率要高于‘琳达是银行出纳，且积极参与女权运动’，但我脑子里就是有个小人在跳上跳下，对着我大喊‘她不可能只是个银行出纳，看看那描述就知道了’。”

女儿：“其实我也不明白为什么‘琳达是银行出纳，且积极参与女权运动’比

‘琳达是银行出纳’的概率低，琳达明明喜欢社会活动，那参与女权运动不更符合她的实际情况吗？”

我：“因为符合所以就概率高？这就是受困于感受而陷入了‘自以为知道实则一无所知’的状态。我问你，面对一个孩子，‘他是个学生’和‘他是个初一的学生’，哪一个概率更高？”

女儿：“哦，我明白了，其实条件越多，可能性就越小。”

我：“是的。这就是典型性决策现象，此刻，注意力聚焦于某一个典型因素，并据此做出决策，哪怕这意味着背离逻辑。

女儿：“有点儿像一叶障目，不见泰山。”

我：“确实，典型性决策是注意逻辑和感受逻辑共同作用的结果，它再次呈现了我们之前反复提过的事实——在强烈的感受面前，理智势单力薄，很容易在与感受的较量中败下阵来。”

女儿：“所以就不能较量？”

我：“我们反复呈现过一个事实，较量就意味着自我损耗。因此，不是不能较量，而是在对感受清晰的觉察和有效的处理中根本不需要较量。”

女儿：“希望有一天我也能做到。”

决策的逻辑七：简单易懂比事实或逻辑更重要

哥伦比亚大学的迪安娜·库恩以学生（涵盖了从高二到研究生的各个年级段）为被试，让他们观察下面两种陈述，然后判断哪一种陈述更令人信服。

陈述一：为什么青少年会开始抽烟？史密斯说，因为他们看到的广告让他们觉得吸烟会让人看起来很有吸引力。你会想要变成一个穿着整洁的衣服、嘴里叼着烟的帅哥。

陈述二：为什么青少年会开始抽烟？琼斯说，因为他们看到的广告让他们觉得吸烟会让人看起来很有吸引力。当电视上禁止播放烟草广告时，吸烟率就下降了。

在该研究中，很多被试会报告陈述一更令人信服。虽然研究生的表现最好，但是很少有人能理解上面两句话的差异是什么：陈述一描述的是轶事，陈述二描述的是事实。迪安娜·库恩和费尔顿的研究发现，即使试图做出理性决策，大多数人也并不会以逻辑分析的方式去获取信息，而更喜欢借助简单易懂的奇闻轶事。

女儿："因此，你才会反复告诉来访者，不要热衷于自我剖析，或者热衷于学习各种知识理论，而要去观察自己的生活，从生活中学习？"

我："当然，这是一部分原因。人类非常自负，会怀疑别人传递的一切信息，与此同时，我们会相信自己的体验或经历。所以，对于心理世界的成长，以己为师的效果远胜于以他人为师。"

女儿："确实，我很少怀疑自己。"

我："这就是人性。在决策中，大脑喜欢简单这一趋向，会带来一个全新的决策机制，将复杂问题简单化，以方便决策。"

决策的逻辑八：复杂问题会被自动替换为简单问题

弗里茨·斯特拉克、诺伯特·施瓦茨等完成了一系列调查，其中一项调查包含先后询问大学生下面两个问题。

1. 最近你觉得开心吗？

2. 刚刚过去的一个月你有过多少次约会？

对这两个问题的关联研究发现，被调查大学生的开心程度和约会次数的关联度几乎为零。

然后，面对新的一组大学生，研究人员调换了这两个问题的顺序。

1. 刚刚过去的一个月你有过多少次约会？

2. 最近你觉得开心吗？

结果，新一组大学生展现了完全不同的调查结果。大学生的开心程度和约会次数几乎达到了心理测量所能得到的最高的关联水平：约会次数直接决定了开心程度！

女儿：“有点儿像‘天气和生活满意度关联度研究’？”

我：“确实，这些研究出于同一个团队。它们清晰地呈现了一个普遍的规律：婚姻满意度、工作满意度等复杂问题的决策，可以借助感受关联到任何与之无关的因素上。”

女儿：“为什么会这样？”

我：“生命厌恶复杂而追逐简单易懂。在面对复杂问题时，大脑会自动将之替换为简单问题，比如‘上学还是休学’可以替换为‘在学校里的感受如何’/‘与同学互动的体验如何’；‘父母怎么样’可以替换为‘刚才跟父母互动的体验是什么’。”

女儿：“有道理。我评估彼此关系时，看的也是近期的互动体验。”

我：“这就是大脑的替换机制：将难以回答的复杂问题，自动替换为更容易回答的简单问题，并据此做出决策。”

女儿：“但这很容易出错。”

我：“是的，当不理解这一机制时，我们对这种错误会无能为力。不过，一旦我们理解了，并且在决策时呈现了这一机制的影响，我们就会有机会自动走出这一模式。比如在天气和生活满意度关联度研究中，当研究人员先抛出一个问题：

‘你所在的地方天气如何？’那么，好天气、坏天气的影响力就会迅速减弱。”

女儿：“只要能看到无名之力及其影响，我们就有机会摆脱它的控制。”

我：“是的。无知无识的生活，充斥着矛盾与冲突。要想走出矛盾与冲突，我们需要进行有意识的觉察以及基于觉察的清晰的理解。”

本章结语

每个人都会坚信：我的决策依托于理智，我知道自己在干什么，但这只是错觉。

在现实生活中，我们的决策通常建立在无意识的力量之上。

哪怕我们说自己“深思熟虑”了，因为缺乏理解，它们也只是无意义的“深思熟虑”。

无意识决策的核心逻辑是简单化，是依托于此刻的感受并追逐更“舒服”的感受。

这种依托和追逐，会带着我们身不由己地行动。

生命的失控，深深根植于这种身不由己。

与无意识不同，唯有清晰的有意识，才会真正关注长远利益，带我们妥善决策，用努力的行动和有效的策略来追逐渴望的未来。

每时每刻，我们都活在无名之力的控制之中。

我说过，所谓无名，就是意识内外我们不理解或者未发现的生命运作逻辑。

这种逻辑永恒存在，无论我们是否能够发现，或者是否能够理解。

在第二部分，我利用各学科的实证研究，结合我个人的经验，尝试呈现无名之力内在的运作逻辑。

清晰地理解这些逻辑，我们就会有机会搞懂心理世界的各种“为什么”。

解决了“为什么”，我们自然会走向每一刻的心安。

值得注意的是，要想真正走向自由且鲜活有力的生活，理解更多逻辑也不是核心。

因为我们能清晰地看到两个并存的事实：一是生命存在着太多的逻辑，随着研究的深入，还会浮现更多等待我们理解的逻辑；二是所有的逻辑其实都要服务于“感受好”这一基本生命需要，或者是眼前的感受好，或者是长远的感受好。

我们可以追逐更多繁杂的逻辑，但我们已经看到：身心资源是有限的。我们也可以尊重这一资源现实，去尝试一件更简单有利的事情：清晰地理解感受变化的机制。

为什么我会平静？为什么我会快乐？为什么我会痛苦？究竟是什么驱动着千变万化的生命体验，塑造着纷繁复杂的生命逻辑？

这就是无名之力背后的驱动力量：大脑活动，以及激素、神经递质等生物化学物质的活动。

这不是本书探讨的重点，但清晰地理解它们会有助于我们摆脱对纷繁复杂逻辑的追逐，获得简单、清晰，充满自由与热情的生活。

第三部分

揭开无名之力的面纱

第十章

一切生命逻辑，

都离不开大脑活动

第一节

“清晰地知道”与“自以为知道实则一无所知”有清晰的区别

我：“我们已经看到生命运作的诸多逻辑，也看到无意识而非有意识才是生命运作的基本机制。在此基础上，我们又看到一个清晰的事实，即无意识也是一切生命苦恼的源泉。基于这一切理解，我们越来越清晰地知道，要终结生命苦难，我们需要有能力走向即刻的有意识。当然这并不容易，因为这意味着大脑活动模式的转变。”

女儿：“你提过，‘清晰地知道’和‘自以为知道实则一无所知’间有着清晰而客观的区分标准。”

我：“是的，有意识与无意识背后，是大脑泾渭分明的活动状态。之前我提过范加尔的反应和抑制能力实验，该实验同步的脑成像研究表明，被试无意识地看到白色方框出现并做出回应时，只是大脑前辅助运动区和前脑岛变得活跃；而有意识看到时，不光这两个控制区域的活动水平几乎翻倍，顶叶、前额叶更广泛的区域也会被激活。”

选择性记忆研究

牛津大学的安娜·诺布雷等设计了一项实验，要求被试盯住计算机屏幕，上面会按 0.1 秒的时间间隔交替出现红色或绿色的字词（这会保证他们能清晰地看到每一种颜色的字词），不同颜色的字词连起来会成为两个故事，也就是绿色的故事和红色的故事。两种颜色的字词随机出现。参与研究的被试，被要求记住绿色字词讲述的故事。

在这里，我们用粗体及下划线表示绿色的字词：“故事**从前**要**有**一个词 **一天**接一个词地**在**读**森林里**……”

在屏幕呈现结束后，每名被试都可以清晰地说出绿色字词讲述的故事。但与此不同，没有一名被试可以说出红色字词讲述的故事。

显然，对于绿色的字词，被试看到也意识到了；而红色的字词，被试虽然看到了，却并没有被清晰地意识到。

在诺布雷等的研究的基础上，法国里昂神经科学研究所的让－菲利普·拉绍等想弄清楚这种记忆差别背后的脑机制究竟是什么。于是，他们使用大脑成像技术来重现实验过程。

在格勒诺布尔医院，他们找到了一群特殊的被试：大脑被植入了电极、可以清晰观察到大脑即刻活动的病人。利用这些特殊被试，研究人员重现了选择性记忆研究背后大脑神经元的活动模式。

模型显示，在红色或绿色字词出现后的前 200 多毫秒中，大脑活动模式是一致的：神经活动从大脑最后方的视觉皮质，传递到颞叶区域，然后到达额叶区域。过了这个最初的阶段，红绿字词诱发的大脑活动开始出现差异：到了前 300 毫秒之后，绿色字词诱发的神经波会继续前进，占领额叶左侧和对语言理解必不可少的著名的布洛卡脑区，然后在包含额叶和视觉皮质的一大片区域一直活跃到 500 毫秒左右，接着以共振的方式延缓波的自然减弱；而红色字词诱发的神经波则不同，在前 200 毫秒之后，红色字词诱发的大脑活动就会逐渐消失，仿佛它被挡在了颞叶和额叶之间，最终无法延展到大脑前额叶区域。

于是，对于被试记住的绿色字词，大脑活动出现在视觉皮质、颞叶、前额叶等区域，整体持续时间超过 500 毫秒；但对于被试无法记住的红色字词，大脑活动只局限在后半部分（视觉皮质和颞叶）的 200 多毫秒，而前额叶并没有参与对刺激信息的加工过程。

这项研究的补充研究，以及其他团队的研究也发现了相同的结论：额叶对被忽视的刺激无动于衷。斯塔尼斯拉・德阿纳领导的团队通过实验进一步得出了结论：入侵额叶的现象决定了刺激能否进入意识。

女儿："我有点儿明白了，从大脑运作的角度来看，当我们嘴上说着'我知道'，而前额叶却没有参与其中时，我们就是处于'自以为知道实则一无所知'的状态。就像我的上课体验，有时老师说的每一句话我都听懂了，但课后如果让我回忆，又好像什么都记不起来，这就是因为当时前额叶在偷懒？"

我："'偷懒'是个表达主动意志与行为的词，我跟很多来访者及其家长都说过，用'偷懒'来评价自己或他人并不合适。在生活中，多数时候我们并不确切地知道自己身上发生了什么以及在做什么，而只是身不由己地做着自动化反应。因此你口中的'偷懒'的状态，用'看似清醒实则无意识，也因此无有效行动能力'来描述会更合适。上面的研究呈现了大脑前额叶参与认知活动的重要性，但我们是否真的进入清醒、有意识的状态，还有更多的大脑活动指标。法国科学院院士、著名的认知神经科学家斯坦尼斯拉斯・迪昂借鉴几十年的脑成像与脑电研究结果，提出了意识觉醒的 4 个客观标志。"

"我知道"的 4 个客观标志

在卡莱特・格里尔－斯佩克特的研究中，屏幕上首先会呈现快速闪现的先导图片，有的先导图片的呈现时间短于 50 毫秒，有的长于 50 毫秒甚至超过 100 毫秒。之后，屏幕上会显示一个杂乱的图像。结果，当先导图片的呈现时间短于 50

毫秒时，被试会报告什么都没看到；而其呈现时间为 100 毫秒或更长时，被试报告看到了先导图片。在这项研究中，格里尔－斯佩克特扫描了被试的视觉皮质，结果发现：无论被试是否意识到图片，其初级视觉皮质等早期视觉加工区域都会被激活，然而在梭状回和外侧枕颞叶区域的高级视觉皮质中，大脑活动只在被试意识到图片时出现。在几乎同期进行的研究中，迪昂用词汇代替了图片，他发现当被试意识到刺激词汇时，顶叶和额叶的某些部位被快速激活，比如对词汇识别至关重要的视觉词形区，脑激活程度增强了 12 倍。

于是，在总结自己以及他人研究的基础上，迪昂提出了意识觉醒的第一个可被反复验证的客观标志：大脑活动会从基础感知区域，扩散到更多的区域，尤其是大脑顶叶和前额叶回路会被突然激活。

在认知研究中，脑电记录是观察大脑活动的另一重要技术。迪昂和塞尔让设计了一项字词识别研究。通过控制字词的呈现时间，他们让被试在一半的试次里报告完全看见了字词（字词呈现时间足够长），在另一半试次里声称根本没看见字词（字词呈现时间太短）。然后，他们记录了被试的大脑电活动模式。他们发现，在字词呈现后 200~300 毫秒，被试报告看不到字词的试次里，大脑活动会逐渐消失；然而在报告看到了字词的试次里，被试的大脑活动会进一步加强，在 270 毫秒左右，一束强大的脑电波出现，并在 350~500 毫秒中的某一个时刻达到顶峰。这个出现较晚却远超之前的大脑活动强度的脑波，因为一般在 300 毫秒左右出现，所以被称为 P300 脑波。

P300 脑波的出现，是意识觉醒的第二个客观标志。

在脑电研究中，人们将大脑活动产生的脑波分为 5 种：δ 波（0.5~3 赫兹）、θ 波（4~8 赫兹）、α 波（8~13 赫兹）、β 波（14~30 赫兹）、γ 波（30 赫兹以上）。拉菲·马拉克等研究发现，在刺激呈现之后，无论被试是否意识到字词，γ 波的活动都会增加。但在意识不到的情况下，200 毫秒左右，γ 波会消失；而在意识到的情况下，γ 波的活动反而会增强。尤其是在 300 毫秒左右，γ 波的活动大幅增加，这成了意识觉醒的第三个客观标志：γ 波在 300 毫秒左右信号强度是消失还是放大。

迪昂等不同的研究团队还发现意识觉醒的第四个客观标志：刺激出现后 300 毫秒左右，出现跨越整个大脑皮质的巨大的同步电信号。许多相隔遥远的脑区间互相同步，形成了一张覆盖全局的大脑活动网络；而在无意识状态下，这种同步只会发生在小的局部区域。

女儿："虽然有好多我不懂的专业描述。不过我大概明白了，自动化、无意识的知觉过程每时每刻都可能存在，但这种'无意识的知觉'要想变成'有意识的知道'，则需要大脑进行一系列的活动变化。"

我："就是这样。你现在能理解为什么我说'不自知是生命运作的常态，而自知只是生命运作的第二特征'了吗？"

女儿："明白了，这跟生理机制有关，在自知也就是意识被唤醒之前，我们的大脑一直在活动，我们的行为也在发生，但此刻它们都处于意识不可见的范畴，也就是处于即刻的不自知状态 。"

我："是的。认知包含了两种大脑活动，一种是感知层面的注意，另一种是意识层面的清晰的理解——理解注意到的事实究竟意味着什么。缺少了任何一种大脑活动，我们都会处于'自以为知道实则一无所知'的状态。"

第二节

大脑自动化的预测、解读是一切感受变化的根源

女儿："你提到'真正的无知'或者'自以为知道实则一无所知'这两种无意识才是生命的常态，那是否意味着，生活中有很多认知活动都没有前额叶的参与，因此我们才不理解发生了什么？"

我："确实如此。比如我前面提过的认知的基本逻辑，大脑会自动预测即将发生什么，并因此唤醒各种不同的生命体验。如果对此缺乏理解，我们会误解很多现象，甚至可能因此伤害我们所爱的人。比如有家长会说'我孩子的情绪总会莫名其妙地变化'，或者有人说'谁都没招惹她，她之所以这样纯粹是因为自己作'，或者有人说自己'我也不明白自己怎么了，但我就是难受 / 悲伤 / 愤怒 / 烦躁'……所有这一切所谓的莫名其妙，其实都是思维预测机制运作的结果。"

女儿："预测有这么大的作用？"

我："是的。大脑无法清晰区分真实与想象。因此，自动化预测活动会唤醒与真实经历该事件时相同的体验。"

奇怪，这明明是橡胶手，但怎么感觉成了我的手

埃尔松等安排被试坐在桌子前，让被试将一只手藏在视线之外，并在被试的视线里放一只橡胶手。

然后，研究人员用小笔刷轻刷被藏起来的那只手和橡胶手，确保两者动作、

位置同步变化。通常几十秒后，被试就会产生一种错觉：认为橡胶手是自己的手。当研究人员要求他们用另一只手指向看不见的那只手时，被试会倾向于指向橡胶手；如果用刀或任何可能有害的东西靠近橡胶手，那么被试会迅速抽走真手以躲避可能的伤害。当然，如果动作不同步，被试不会感觉橡胶手是自身的一部分。

在完成这个实验时，被试同时接受了功能性磁共振成像扫描，以记录大脑活动。扫描结果表明，在同步刺激真手和橡胶手时，被试大脑顶叶被激活，参与计划运动的脑区（运动前区皮层）也被激活。

该实验的另一个版本，是首先用前面的实验程序来建立橡胶手与自我的关联，然后用针向橡胶手做针刺的动作（但不会真的接触橡胶手）。结果，脑成像研究发现，被试的前扣带皮层和辅助运动区都被激活。弗里德、佩隆等各自的研究发现，在正常情况下，感觉疼痛时前扣带皮层会被激活，想要移动手臂时辅助运动区会被激活。

女儿："我理解一下，针并没有碰到橡胶手，但是大脑跟疼痛和运动有关的区域已经被激活。也就是，我们感受到了疼痛并做好了逃跑准备。"

我："是的，这就是大脑自动化预测机制的影响，即唤醒真实的体验，并据此做出行动准备。"

女儿："思维的力量真的非常强大。"

我："我们总以为只有发生了什么，身体才会获得相应的体验。其实，我们一直活在预测带来的生命支持或伤害之下。"

女儿："这项研究没有提到前额叶的活动。是否前额叶介入了，疼痛就消失了？"

我："当然不是。我们说过，身体体验不在意志可控范畴之内，因此，前额叶的介入，会让我们有机会清晰地知道此刻'大脑自动化预测机制在伤害我'，但无法让这种伤害自动消失。”

女儿：“我明白了，这一刻清晰的知道，会打断之前思维自动预测的过程，并由此带来体验即刻的变化。这是一个不求自来的过程。我记得你说过，一切心理痛苦真正有效的处理，都离不开对思维的觉察与处理。”

我：“在处理思维干扰时，我们必须知道一个事实，我们无法觉察某些自动化的思维过程，但它们确实在发挥作用。比如医学上一种特殊的疾病——异肢综合征或异手综合征。”

我无法控制自己的行动

大脑预测活动，大部分起始于感觉系统。在选择性记忆研究中，我们呈现过大脑活动的顺序：神经活动从基本的视觉感知区域，向前传导到颞叶部分。

实际上，视觉感知有两条不同的通路：一条是腹侧通路，视觉信号沿大脑腹侧传递到颞下皮层，负责客体识别，即识别我们看到了什么、它有什么用以及如何用等；另一条是背侧通路，视觉信号沿大脑背侧向前传递至顶叶后部，负责对客体的方位进行识别，包括它与我们之间的距离，从而使我们为可能的、与之相关的行动做好准备。

在这种加工的基础上，额叶会判断自己是否需要介入加工过程：要么介入，要么淡出。这种介入或淡出的选择，是在无意中完成的，它体现了大脑额叶的控制功能。

纳切夫的研究发现，基本的感知刺激传递到顶叶，顶叶对其加工后会自动向额叶提出行动建议，额叶最终决定做还是不做。但是，额叶的控制能力有时会出现问题。比如大脑辅助运动区、前辅助运动区、辅动眼区受损的病人，会出现各种奇怪的行为失控表现。在医学上，异肢综合征就是其中之一：病人的某个肢体不再服从大脑指挥，它独立行动，就像它不再属于病人一样。

女儿："这听起来有点儿不可思议。"

我："在我的家长训练课上，有一位家长分享了自己的一段体验。单位开会，她坐在单位领导旁边。当她注意到领导面前的水杯空了时，起身帮领导倒满水，领导很自然地拿起水杯就喝。她想'领导今天这么渴'，就再次倒满水。没承想，领导又喝了。于是她又来加水……几次之后，当她再次想为领导的空杯加水时，领导捂住了杯子，告诉她'别再加了，我已经要水中毒了'。"

女儿："难道这位领导的额叶辅助运动区受损了？"

我："虽然不清楚具体情况，但至少那一刻，他的表现就是异肢综合征——手自动做出动作，阻止它的力量消失了。在生活中，我们有可能遭遇大量大脑活动诱发的看似莫名其妙的体验。"

刺激大脑，可以直接唤醒体验

塞林贝约格鲁针对大脑脑岛（藏在额叶和颞叶之间，与我们对身体的内部感知能力直接相关）的研究发现，刺激脑岛不同的区域，会引发一系列不愉快的感觉，包括疼痛、烧灼感、钉刺感，以及酥麻、恶心、灼热、坠落等感受。

布兰克、奥提格等在研究中尝试刺激大脑深处的底丘脑核，同样的电磁脉冲刺激，可能会立即引起强烈的抑郁感，包括哭泣、啜泣，说话语音单调，身体姿势变得压抑，有各种阴郁的想法，等等。而刺激大脑顶叶部分，则可以引起眩晕，甚至是灵魂出窍的体验。

刺激大脑，可以直接唤醒体验。与此同时，如果大脑受损，我们体验的能力也会随之受损。艾奥瓦大学的拉尔夫·阿道夫斯及其同事接诊了一位罕见的双侧脑岛损伤患者，他无法对面部表情、行为、行为描述或恶心物体的照片产生厌恶情绪——即便是面对一份盖满蟑螂的食物时，他也没有任何厌恶情绪。在观看一个人表演“面对难以下咽的食物假装呕吐”时，他说：“他正在享用美食。”对该病人的观察发现，脑岛受损导致他丧失了厌恶能力，在饮食上完全不挑食，甚至分辨不出什么不能食用。

女儿：“我有个疑问，在这种状态下，既然我们受困于生理改变，也无法有意识地觉察自动化的思维，那该如何处理？”

我：“思维管理无法解决所有的问题，尤其是心理现象之外的问题。所以，我们才需要医疗技术的帮助。不过在医疗技术之外，虽然有些思维过程无法被觉察，但是我们可以观察思维活动的结果——此刻的行动，通过观察行动来理解发生了什么，再据此调整行动。就像上面说到的那个领导，虽然他控制不住自己喝水的行为，但是他可以阻止别人往水杯里加水。”

女儿：“确实，有了觉察能力，我们总可以做些什么。”

我：“在无意识、自动化运作的世界中，我们总可以借助有意识的行为，重新拿回生命的控制权。”

第三节

拥有自由？那只是一种错觉

女儿：“你之前提过，生命只有被动反应的自由而没有真正的行动自由。这也可以通过大脑活动来解释吗？”

我：“当然。一切无名之力，都是大脑特定活动的结果。”

我发誓我的手臂移动了

法国神经学家米歇尔·德莫斯格利用需要接受开颅手术的患者，做了一项惊人的研究。

他用阈值相对较低的电流，刺激患者的前运动皮质（负责控制身体运动的脑区）时，患者的手臂移动了。当时，患者躺着的姿势导致她看不到自己的手臂，所以当问她是否挪动了手臂时，患者矢口否认。

当德莫斯格刺激其顶叶时，患者报告说有一种急切地迫使自己移动的意识；进一步增大电流，患者发誓说已经移动了自己的手臂，但事实是她的手臂并没有移动。

女儿：“也就是说，渴望由顶叶驱动？运动则由前运动皮质驱动？”

我：“顶叶刺激诱发了移动的渴望，但我们无法由此得出结论——渴望由顶叶驱动。我呈现这项研究，是希望告诉你一个事实，刺激大脑特定的区域，可以带来我们否认却已经做出的行动，也可以带来我们自以为行动却根本没动的错觉。

之前，我也呈现过一项类似的研究，刺激被试大脑，被试会转头。被试并不知道自己的行为是电刺激的结果，但他依然能为自己的行为给出自认为合理的理由。当然，研究人员或旁观者非常清楚，被试所知道的并非事实。”

女儿：“在很多场景中，我们并不知道自己身上发生的事情，或者我们自以为知道发生了什么，实际上却只是错觉。”

我：“是的，清晰地理解了这一事实，我们就有机会停止对经验的纠缠，而开始观察生命现实。这种对生命现实的观察会带我们远离各种错觉，比如‘我拥有自由’的错觉。”

自由选择是大脑活动的结果

加利福尼亚大学旧金山分校的本杰明·利贝让被试坐在一个类似于钟表的物体前，物体上只有一根指针，每秒转动一下。他要求被试选择一个时间点按按钮，并记住做出决定时指针的位置。

在该实验中，利贝在被试头上安装了很多电极。通过观察这些电活动记录，利贝发现，早在被试做出决定之前，其大脑运动皮质的神经元活动就已经开始增加了，这让利贝甚至有机会在被试说出决定之前，就能预知被试将做出何种决定。

伦敦大学学院的帕特里克·哈格德指出，在某些条件下，大脑运动系统的激活比做出决定（或者更准确地说，比清晰地感觉到决定移动），提早 2 秒。

女儿：“所谓自由的选择，其实要慢于相应的大脑活动？”

我：“研究呈现的是这样。”

女儿：“那是否意味着，如果能干预大脑活动，也就能改变选择？”

我：“确实，这也是研究所证实的。”

干预大脑活动，创造外力可控的“自由意志”

布拉西尔 - 内图设计了一项实验。

实验前，研究人员会让被试头戴特制装置。该装置使用了经颅磁刺激技术，可以发送微弱的磁脉冲，激活大脑皮质的特定区域。

戴上该装置后，研究人员会给被试两个鼠标，左右手各一个。然后，研究人员告诉被试：只要听到咔嗒声，就按下左手或右手的鼠标，至于具体按下哪个，可自由决定。

实验开始，在咔嗒声响起时，研究人员会给被试右脑运动皮质或左脑运动皮质施加微弱的磁刺激。结果，被试以为自己在自由选择，但实际上，他们只是遵从了研究人员的干预：刺激右脑运动皮质，被试会按下左手的鼠标；刺激左脑运动皮质，则右手行动。

实验结束后，大多数被试宣称没发现任何异常——他们根本意识不到自己所谓的自由选择不过是被操控的结果。

女儿：“这有点儿可怕。我们会不会进入一个被机器操控的世界？”

我：“留意这一刻你的问题意味着什么，人类几乎从不担心现在，却总会担心未来。每一刻，我们都受困于无名之力的束缚，身不由己地做着被动的反应，并由此饱受苦痛折磨。但面对这些正在发生并持续的苦难，我们要么茫然无知，要么无动于衷！我们根本不想从此刻的痛苦中解脱，却总想着要如何从未来的苦痛中解脱。”

女儿：“你是说我在自寻苦恼？”

我：“自寻苦恼通常是将责任归咎于个人，从而沦落为指责对方，所以我不会用‘自寻苦恼’来描述这种行为，我会说，每个人都会受制于生命的逻辑，这种制约让我们身不由己地漠视真实的现在而去关心虚幻的未来，这就是生命在自动运作状态下呈现出来的荒谬事实。"

女儿："确实，预测未来只会导致我此刻更加难受。"

我："是的。我们一直为过去或未来而活，却不知道生命的价值，从来都蕴含在这一刻的行动与体验中。要想摆脱内外束缚，我们要做的不是去畅想未来，而是清晰地理解并处理此刻的事实。如果做不到，我们很容易自我伤害。"

为什么人会不由自主地自我伤害

每个人都有这样的体验：饥饿会让我们寻找食物，而吃饱后我们会自然地停止进食。这是生命自我平衡的机制。尽管该机制非常复杂，但研究人员确认了一个大脑区域与该机制的关系：腹内侧前额叶皮层。当我们饥饿并渴望食物时，腹内侧前额叶皮层会变得活跃；而当我们吃饱时，它会变得安静，直到对食物几乎毫无反应。

但这一机制，很容易被打破。

埃利泽·斯滕伯格分享了一项研究：32 名被试参与一个人机互动游戏，被试每次做出正确反应都会得到奖励——一片玉米片或一块巧克力糖，研究人员会要求被试迅速吃掉奖励。

参与该研究的被试被分为两组：第一组被试只玩两轮游戏，每轮 8 分钟；第二组被试玩 12 轮游戏，每轮也是 8 分钟。

研究人员会同时监测两组被试的大脑活动：包括大脑纹状体（与习惯性行为有关）和腹内侧前额叶（在这里与进食渴望有关）两个区域。游戏结束时，研究人员发现，与第一组被试相比第二组被试的大脑纹状体活动有了显著增加，这意味着第一组被试在游戏中没有形成习惯，而第二组被试形成了固定的按键和进食习惯。

而对腹内侧前额叶的监测情况是：在空腹状态下，无论哪组被试，在他们按下按键得到奖励之前，腹内侧前额叶皮层都会被激活，这说明他们期待即将到来的食物奖励。

在饱食之后，情况出现了变化：第一组被试饱餐一顿后来参加后续研究，结果当他们再次按键时，腹内侧前额叶的活动减弱，他们对食物奖励的期待完全消失，失去了玩游戏的兴趣；与第一组被试不同，第二组被试在饱餐一顿后，重新来做后续实验，当他们再次按键时，研究人员发现他们的腹内侧前额叶的激活程度和饥饿时一样强烈！这意味着他们依然渴望食物奖励。

显然，第二组被试构建的游戏习惯打破了自然的进食机制，让他们在饱食后依然渴望进食。特里科米和巴伦等的研究认为，这说明习惯使进食由追逐生命平衡变成了自动化的行为，即便这种行为会带来自我伤害。

女儿："这就是为什么你会在心理服务过程中，反复强调练习和习惯的重要性？"

我："是的，我们说过，凡事皆有两面。习惯可以是我们适应世界的重要辅助力量，但它也拥有改变大脑活动模式、带来自我伤害的力量，有时，它会让我们陷入身不由己的失控之中。所以，在生活中，关注事实并理解发生了什么是第一重要的事情，在此基础上，我们才有机会远离有害的习惯，并构建全新的、具有生命适应力的习惯。关于腹内侧前额叶，其实还有很多有意思的研究。你记得决策机制中我们谈过的贝沙拉的纸牌博弈任务吗？"

女儿："4 组牌，两组赔钱牌，两组赚钱牌？"

我："确实，它们的结果就是赔钱与赚钱。在前面的分享中，我提到过当被试无法弄清纸牌的好坏时，就已经开始出现紧张反应。这种反应背后，其实就是大脑活动的变化。劳伦斯、乔兰特等研究人员在自己的研究中利用脑成像技术观察被试的大脑，他们发现，当要选择不好的纸牌时，正常被试腹内侧前额叶的活动会明显增加，这会伴随着身体紧张的皮电传导反应；如果被试该大脑区域受伤（他们选择了一批特殊被试），那么在选择不好的纸牌时，被试并没有产生预期的紧张性皮电传导反应，与之对应的是，一旦他们看到坏的结果，皮电传导反应就会正常出现。据此，他们认为，腹内侧前额叶与我们对行为的预期有关，它可以通过改变我们的体验来影响我们的决策。”

女儿：“如此说来，其实感受变糟意义重大，它在提醒我们哪里出了问题。”

我：“是的，身体体验从来不是敌人，它们一直在默默地守护并支持我们，让我们有能力调整行动并远离伤害。这也是为什么我们要理解生命运作的机制。在无知中，我们往往会将生命的助手视为敌人，进而与之展开无谓的较量，这就是自我伤害却不自知。”

第四节

一切生命逻辑，都离不开大脑活动

我："你还记得我们在认知逻辑和决策逻辑中谈过的一个现象吗？在无规律的世界中探寻规律，并试图运用规律得到最优的结果。"

女儿："我记得，人与动物面对一个 10 选 8 的场景，动物可以用概率匹配策略，容忍 2 次错误而保证 8 次正确，但人会按照自己理解的规律试图得到 10 次正确，结果人的表现远不如动物。"

我："是的。这是个普遍现象，但会有例外。当时我说过大脑受损的人类被试的表现反而会与动物不相上下。现在，我们来看看为什么会这样。"

大脑左右半球会使用不同的工作策略

乔治·沃尔福德等以脑裂患者为被试，重做了人与动物认知决策实验。

实验中，研究人员会要求被试猜测接下来会发生什么：亮红灯还是亮绿灯？

每个事件发生的概率不同，比如 75% 的时间会亮红灯，而 25% 的时间会亮绿灯，但事件发生的顺序随机，完全无规律。

在这个实验中，被试可以采用两种不同的策略。

第一种是概率匹配策略，也就是 75% 的次数猜红，25% 的次数猜绿，以求绝对正确。虽然这有可能 100% 正确，但研究发现，实际情况是该策略带来的准确率在 50% 左右——它完全靠运气。

第二种是最大化策略，也就是每次都猜红，确保 75% 的试次是准确的。

对老鼠、金鱼等动物的研究发现，它们会使用第二种策略。

人的表现不同。脑裂被试如果用左脑来解决这一问题（选择性地将信息呈现给左脑），那么被试会选择概率匹配策略，也就是左脑会努力做到 100% 准确。当然，结果会很差。如果用右脑来解决这一问题，那么被试会选择最大化策略，也就是确保 75% 的准确率，这就与动物的表现相同。

女儿："有意思，左脑和右脑竟然有不同的工作机制。为什么？"

我："这个问题目前很难回答，但研究呈现的事实暂时是如此。"

女儿："所以，面对挑战要做出决策时，我是不是要努力地调用右脑，这样就有机会做出最佳的决策？"

我："这就是片面理解带来的错误的因果。左脑和右脑确实有很多不同。比如加扎尼加等关于大脑的研究发现，左脑和右脑确实擅长不同的任务，左脑负责语言以及智力行为，右脑负责面部识别、集中注意力以及分辨知觉差异等。曼根、贝卢基、科尔巴里斯等的研究发现，右脑会关注整个视觉区域，而左脑只注意右边区域。你还记得之前提到过的回忆米兰大教堂广场上的建筑物的那两名特殊被试吗？"

女儿："有印象，好像只能注意到身体右侧而非左侧的事物。"

我："是的，这就是这一奇怪现象出现的原因，大脑右侧下顶叶受损，而左侧顶叶依然完好，所以他们只能关注到身体右侧而忽略身体左侧。至于为什么我说片面理解会带来错误的因果，再跟你分享一项研究。"

右脑是否比左脑更聪明

乔治・沃尔福德等的研究发现：如果一个大脑半球专门负责某项任务，那么另一个大脑半球就会放弃对它的控制权。

迈克尔·米勒等重新设计了上面的决策任务：将分析选择任务变成了面孔识别任务。虽然右脑在分析决策任务中会选择最大化策略，但当它面临面孔识别任务时，它会转而使用概率匹配策略——当然，这带来了更多失误。相比之下，在面孔识别任务中，左脑并不擅长此事，所以它会采用最大化策略。

女儿："我知道了，人类的天性是更好地理解并预测这个世界，所以，概率匹配策略本身毫无问题，它可以带我们追逐更好的选择或行为。"

我："是的。大脑运作的基本方向，是推动生命走向更好。因此，最大化策略虽然有用，但概率匹配策略才真正驱动了人类的进步。在无知与混沌中，我们努力寻找万物运作的规律并试图利用规律来更好地生活。虽然有时我们会得到错误的规律并因此受伤，但正是在发现并理解错误的基础上，我们才一步步走向更好。"

女儿："说到错误，我有一个体验，有时候我做题时，会明显感觉没有做对，但又不是很清楚哪里不对，最后老师一说，我会发现自己真的犯错了。"

我："我们说过，直觉背后是无意识的大脑活动，大脑能无意识地识别错误、纠正错误。"

如何消除斯特鲁普效应的影响

麦克劳德整理了半个世纪来与斯特鲁普效应相关的研究数据，发现超过 99% 的被试都会受到这一机制的影响。

为了研究这一机制背后的大脑活动模式，博特维尼克、克恩斯等人领导的研究团队各自展开了大脑神经影像研究。结果显示：当被试完成斯特鲁普任务时，他们的前扣带皮层会处于高度活跃状态（前扣带皮层在此前的橡胶手研究中我曾经提过，在预测到即将到来的痛苦时，它会被激活。在其他的研究中，莱恩、波斯纳等人已经分别指出，前扣带皮层与我们情绪加工、注意力集中等很多认知活动相关）。

于是研究人员推测，大脑的纠错能力也跟前扣带皮层高度相关。大量研究证实了这一假设：前扣带皮层是大脑中监测冲突的区域，每当我们发现有冲突的信息时，前扣带皮层都会被激活。比如我们看到诸如“眉清目秀的张飞”或“五大三粗的诸葛亮”等描述时，如果我们要识别其中的冲突，那我们就需要用到前扣带皮层。

斯特鲁普效应的实质，就是前扣带皮层的活动阻碍了我们自动化的快速反应，于是，我们的反应能力表现为减弱。

但是，在对斯特鲁普效应的研究中，研究人员发现了一个特例：被催眠的被试面对干扰信息时，其反应速度明显更快。为什么这类被试可以免受冲突信息的困扰？神经心理学家约翰·格鲁泽利尔为此开展了一项实验。

他先利用量表招募了一批易被催眠的被试，然后安排他们完成两次斯特鲁普任务：一次处于正常状态，一次处于被催眠状态。两次任务中，他都用功能性磁共振成像仪监测被试的大脑活动。

结果，格鲁泽利尔发现，无论是否被催眠，被试在完成斯特鲁普任务时，前扣带皮层的活动都会增加，甚至在被催眠状态下，被试前扣带皮层的活动更多。

那么，什么造成了两种状态下被试表现的差异？

格鲁泽利尔发现了问题：没有接受催眠时，被试前扣带皮层和额叶被同步激活，这说明这两个脑区在协调行动，于是被试的反应速度变慢；但在被催眠后，被试大脑只有前扣带皮层被激活，而额叶始终是安静的，这两个脑区没有像正常情况那样同步协调。

格鲁泽利尔由此提出：催眠阻断了负责行为控制的大脑前额叶与负责冲突检测的前扣带皮层间的联系，结果前扣带皮层正常传递信息，但额叶没有任何回应，于是前扣带皮层更努力地呐喊（活动增加），但额叶始终收不到它的信息，即大脑丧失了自我监督、调整的能力。

女儿："了解了。有些人会说蠢话、做蠢事，原因都在于那一刻大脑丧失了有效的监控能力。面对这样的来访者，可以做些什么？"

我："大脑是终生可塑的，只要个人有意愿，那么来访者就可以通过有意识的练习来提升自我监控能力。当然，监控能力不仅源于大脑活动模式，还依赖于注意的运作和对生活清晰的理解。很多人之所以无法摆脱行为陷阱，就是因为注意力失控或对生命的理解不足。"

女儿："所以，自以为知道实则一无所知，可能是生理问题，也可能是注意或经验问题？"

我："是的。在摆脱生命困境的道路上，持续学习才是我们唯一拥有的、自我可控的工具。只是，我要提醒一句，理解逻辑并非学习，理解并在实践中运用逻辑，然后依托于现实反馈调整行动，这才是真正的学习。学习过程就是有意识地生活的过程。很多来访者有一种感觉，每天都在努力学习，知道的越来越多，却什么都帮不到自己，原因就在于缺少有效的实践。"

生命蕴含着太多我们不知道的现象。

我们渴望知道为什么，这种渴望，会驱动我们身不由己地做出解释。

哪怕是错误的解释，只要能满足我们"知道"的欲望，我们也会奉若真理。

但解释从来不是终点，利用解释指导未来的行动，这才是我们习惯的。

所以，错误的解释，必然会诱发非适应的行为。

生活中有太多的自我伤害由此而起，我们却对此视若无睹。

要摆脱这些自我伤害，我们得重建发现事实的能力，我们得重建对生命的理解：一切思维、行为、体验都是大脑活动的结果。

清晰地理解了这件事，我们将有机会摆脱对解释的追寻，转而开始做出接纳的行动："好的，我知道这一切是大脑活动的结果，对此我无法抗拒，现在，让我先放下一切，让我先停下来，看看究竟发生了什么。"

在这种暂停、发现的行动中，我们有机会摆脱一切不愉快体验的束缚，进而恢复有效行动的能力。而有效的行动，将带我们创造全新的美好生活。

第十一章

一切生命逻辑，都离不开激素与神经递质

第一节

如何面对各不相同的生命体验

小比利的医疗悲剧

内尔·卡尔森在《生理心理学（第九版）》中介绍了几十年前的一起医疗案例，主人公是几岁的小比利。

有一天，妈妈发现小比利在厨房里吃盐，这让她非常不安。于是，她把盐盒放到小比利够不着的地方。

小比利开始哭泣："妈妈，我需要那个。"

第二天，妈妈发现小比利想尽办法要拿到盐，这让她愈发恐慌："你到底怎么了？"小比利回答不出来，他不知道自己怎么了，他只能哭着哀求："求你了妈妈，我需要一些盐，我需要它。"

家庭医生建议妈妈带小比利到医院检查。于是，小比利住院了，尽管他非常可怜地哭着说他需要盐，但医生很确定地说他已经摄入了足够多的盐。小比利几次试图离开病房，但都被带了回来。最终，医生将小比利锁在病房里，以防止他再次溜出去找盐吃。

不幸的是，在开始明确的检查之前，小比利去世了。

对于小比利的悲剧，现在医疗人员有了清晰的理解：某种疾病会导致患者的肾上腺不再分泌醛固酮，这是一种能刺激肾脏保留钠的激素。当这种激素缺乏时，大量的钠会被肾脏排出体外，这将导致血管内血容量的下降，这相当于大量失血，我们的生命会因此遭遇巨大的威胁。

女儿："是不是当时人们对激素的理解不多？"

我："我引用这个案例，更想呈现的是一个清晰却总被漠视的事实，对生命的理解没有止境。无论任何年代，人们都会让经验指导行动，但经验是有局限性的。就像小比利的医生，在有限经验的指引下会忽略小比利状态的变化，吃到盐，小比利充满活力；停止摄入盐，他的状态反而开始变糟。观察事实，依托于事实去行动，比固守有限的经验、依托经验去行动更重要。"

女儿："那我们为什么还要探讨这么多？即便理解再多的生命逻辑，也依然是有限的经验范畴啊！"

我："你会这样说，是因为你无意中将两个东西混为一谈，即智慧和知识。"

女儿："这两者有区别吗？我觉得知识就是智慧啊。"

我："这两者当然不同。知识，是依附于时代的、静态的信息，表现为可累积的经验；但智慧，超越了时代与经验的束缚，它蕴含于每一刻的行动之中，也因此是鲜活的、即刻可变的。所有的学习，都是为了让我们在获得静态知识的基础上进行动态的、有智慧的行动。"

女儿："最怕你说这些玄而又玄、无法理解的东西。"

我："我给你举个例子，它会有助于你清楚地看到什么是知识，什么是智慧。"

心理灵活性的核心不是适应环境而非改变环境吗

一位长时间跟我练习心理灵活性的爸爸，几乎熟练地掌握了我所说的全部内容。在他的支持下，初二曾休学一年多的孩子，以平均分将近 96 分（百分制）的成绩考上了当地一所著名的高中。为了更好地支持孩子，他在学校附近租了房子，方便孩子上下学。没想到，孩子对租房住非常不适应，这甚至让她开始后悔自己选择了这所高中，觉得在这所学校，自己好像格格不入，很难坚持下去……在持续不断的挑战中，这位爸爸越来越无力，最后他只好再次带孩子找到我。

在充分了解了情况的基础上，我提醒孩子目前的困局不是她的问题，而是环境的问题，在该环境中，她从第一天开始就体验很糟。但是，她无意中换个环境后，马上又恢复了原有的学习能力和生活热情。因此，我尝试带她改变眼前的环境，比如在屋里布置一些自己喜欢的小物件，买点儿花花草草，适当增加一些自己喜欢的味道，甚至重新粉刷墙壁来改善居住体验。

对此，这位爸爸非常不理解。他问我："于老师，你讲授的心理灵活性训练，不就是要让人正视现实、适应环境吗？现在，居住环境让孩子不舒服你让孩子改变环境，那学校能改变吗？孩子再次陷入内耗，是不是也需要转变思想才不会内耗？为什么我不断提醒孩子要留意自己，适应环境，你反而说这是伤害孩子？你之前不也是这样与孩子互动的吗？"

女儿："是啊，你一直讲心理困境的核心与注意、短时工作记忆的变化有关，所以那位爸爸提醒孩子调整自己，不正好吻合了你所说的吗？"

我："你看，这一刻，你和那位爸爸说的'什么导致了心理困境'，这就是知识。但知识没有带来此刻行动的智慧。爸爸忽略了孩子一直在努力的事实，自以为孩子太娇气，所以向孩子重申她需要适应环境，这会让孩子更加无力，或者觉得自己状态很糟——因为无法适应环境，这会加剧孩子的困境。心理灵活性的核心，是同时依托于事实和规律去行动。"

女儿："那这个场景中什么是智慧？"

我："清晰地发现自己受困于经验。比如在这一刻，爸爸如果能清晰地看到一个事实：'此刻我脑子里讲个不停，它忽略了此刻孩子的现状，而只是在依托我学到的知识告诉孩子如何做，这反而让我回到一年多以前无法支持孩子的状态，让孩子反感我、远离我……’那么，这种发现的行动就是智慧的开始。在发现的基础上，如果他能理解‘如果我不停止这种自以为是，我对孩子的伤害将永无止境……’，并因此用新的行动替代肆虐的语言，那么这一刻远离伤害的行动就是智慧。”

女儿：“所以我可不可以理解为智慧就是识别并远离伤害自我或他人的行为？”

我：“很不错，你能看到智慧是种行动过程，它无法离开行动而单独存在。只是，人类靠语言理解世界，这就要求我们对语言的使用要非常小心。我会重新做出表述：你的理解稍有偏差，因为有时我们会为了更高的利益而主动承受自我伤害。基于此，智慧的核心不在于是否有伤害，而在于那一刻我们是否能清晰地观察到事实，并理解事实背后生命或世界运作的规律，进而让我们的行为符合而非背离规律。就像小比利的案例，那一刻，医生能否观察到小比利生命状态的变化，然后能否质疑自己经验的适用性，就决定了其行为是否充满智慧。”

女儿：“我感觉我们又转回去了，在前面谈到大脑活动时，你提过科学无法清晰地揭示一切，所以最重要的是观察生命的事实并依托于事实去行动。这里，你再次提到了这个观点。”

我：“当然，人类对生命的理解没有止境，所以我们才需要去学习更多。与此同时，面对科学的局限性，我们可以通过牢牢把握一个事实去靠近智慧的行动：我们体验、行为以及思维的变化，背后隐藏着大脑活动、激素活动，以及神经递质活动的力量，这些力量都不在我们可控的范畴内，所以对此我们只能接纳；但接纳从不是被动地认命，不是思维或语言的游戏，而是即刻、主动的行动，在这种行动中，我们会有机会摆脱那些不可控力量对生命的伤害，甚至让它们更好地服务于生命，或者，至少让我们有机会迅速终结它们带来的心理伤害。”

女儿："我还需要琢磨。"

我："前面我跟你说过'拒绝会诱发并强化疼痛，而爱会缓解疼痛'。现在，我带你看看疼痛背后的力量。"

人类对于疼痛的耐受力因何会变化

不同的人，对疼痛的耐受力不同；同一个人，对同一事件诱发的疼痛感受也会不同。

贝内德蒂等在研究中先测量被试牙齿对电刺激的敏感度，然后给他们注射一种据称可以减轻疼痛感的药物，几分钟后重做牙齿敏感度测试。结果同样的电刺激，被试的疼痛感真的减弱了！之后，研究人员再次向被试注射药物，然后告诉被试，这次要看看其疼痛耐受力是否会进一步增强。结果，同样的电刺激，被试的疼痛感反而增强了！

为什么会出现矛盾的结果？研究人员最后会告诉被试真相。第一次注射的只是生理盐水，它没有任何缓解疼痛的作用。但为什么被试会感觉到疼痛减轻？苏维塔等的功能性成像研究显示：当我们相信自己注射了镇痛药物时，前扣带皮层、岛叶皮层等脑区都出现了内源性阿片类物质（该类物质可以镇痛）的增加。

与此相对应，第二次注射的是一种可以阻断内源性阿片类物质的受体的物质，这就减弱了身体自身的镇痛反应，于是虽然电刺激程度相同，但被试的疼痛感反而会增强。

女儿："所以，疼与不疼，并不是完全客观的，它与脑内发生的变化有关？"

我："当然。在大量研究的基础上，不同的学者们分别提出了痛觉的 3 个悖论：我们不喜欢疼痛，但疼痛对我们的生存具有重大意义；我们一直在感受疼痛，但大脑内没有明确的感知痛觉的皮层区域；即使最深刻的痛觉体验，也能够被认知和情感因素有效地抑制。”

女儿：“理解了这些，是否意味着我们可以利用它们来面对并处理生活中的疼痛感？”

我：“当然。这就是我们为什么能成为区别于动物的‘人’：虽然受困于生物属性，但在清晰的理解中，我们永远拥有减弱甚至摆脱生物束缚的主观能动性！所以面对不可控的无名之力，我们依然可以施加干预或影响。”

女儿：“有点儿明白了，这就是理解带来的行动的智慧！”

我：“是的。只有在无知与自动化反应模式下，我们才会受困于无名之力的控制。任何时候，只要能够回归基于清晰理解的有意识，我们都可以决定自己此刻的生命状态，也因此我们的行动将有机会远离盲目并展现出智慧。”

女儿：“这真是个好消息，否则我真的会对人类的前途丧失信心。”

第二节

有意识的行为才是生命真正的舵手

我："留意，这一刻虽然你的感受在变化，但都受困于无名之力：当经验告诉你'人生不过是身不由己'时，你会感到沮丧、无力；当经验告诉你'人可以创造自己的生命事实'时，你又会感到轻松、喜悦。生命每一刻都在变化，快乐与痛苦，都是无名之力的产物。"

女儿："那摆脱了无名之力的控制，我会体验到什么？"

我："轻松、自然，其实这个问题的答案需要你自己实践才能真的理解。不过，完全摆脱无名之力的控制，不现实也没有必要。在脑成像研究中，我们已经看到有意识的大脑活动（自知）建立在无意识的大脑活动（不自知）之上。所以，每一刻，我们都可能由有意识回归无意识，也可能由无意识进入有意识。"

女儿："所以，每一刻'无知无识'和'清晰的知道'都可能交替变化？"

我："当然。我经常跟来访者或练习者说一件事：生命在轮回。但我所说的轮回，不是指什么前世今生来世，而是指每时每刻：上一刻，我受困于特定经验时，会体验到痛苦或快乐；下一刻，我清晰地觉察到此刻的生命现实时，又会因此远离上一刻的痛苦或快乐，回归平静和放松的状态；再下一刻，我再次陷入特定经验，快乐或痛苦的体验再度席卷而来……这种变化时刻不停，我称之为生命体验的轮回。"

女儿："明白了，在心理世界，没有所谓的一劳永逸，此刻不痛苦，不意味着未来也不痛苦；同样，此刻不快乐，也不意味着未来会一直不快乐。"

我："是的。生命体验每一刻都可能变化。这种变化的驱动力，是激素和神经递质。这里，我和你分享最常见的 3 种，多巴胺、血清素以及去甲肾上腺素。"

女儿："这我有些了解。比如说难受时多做运动，或吃点儿巧克力，这会有助于脑内多巴胺含量的增加，从而让人快乐。"

我："事情从来不是这么简单的。增加脑内多巴胺不需要任何运动——阿恩斯滕等人的研究发现，只要感受到压力，或者变得紧张，脑内多巴胺含量就会迅速增加（去甲肾上腺素也是如此）。但显然，这并不会让我们快乐！学习的目的，是能更清晰地走出一知半解进而走向有智慧的行动。我带你看一项研究。"

获得奖励或预见到奖励，都能激活多巴胺神经活动

剑桥大学神经生理学家沃尔弗拉姆·舒尔茨将微电极植入猕猴大脑多巴胺神经细胞聚集的区域，并让它们参与一个奖励游戏：猕猴面对两个灯泡和两个盒子，每隔一段时间，就会有一个灯泡亮起，其中一个灯泡亮起时表示右边盒子里有食物，另一个灯泡亮起时表示左边盒子有食物。

一开始，猕猴不理解奖励规律，它们会随机打开盒子，这时有 50% 的获奖概率。当它们发现食物奖励时，它们的多巴胺神经细胞就会被激活。随着游戏的进行，猕猴开始掌握奖励规律。结果，只要灯泡一亮，它们的多巴胺神经细胞就会被迅速激活。

女儿："很多购物上瘾的来访者，在选购物品、清空购物车，或者等待快递时会很开心，但一旦拿到快递，反而不再兴奋，甚至有时都懒得打开包装。这是否跟上面的研究有关？"

我："当然，预期会得到什么，比拥有什么，会带来更大的快乐。"

女儿："我不明白为什么会这样？"

我："你还记得什么会创造生命现实吗？"

女儿："短时记忆、注意共同创造此刻的生命现实。"

我："是的，这就是为什么幸福、满足、快乐等感觉与我们拥有了什么无关。生活中，我们常听到一个词：喜新厌旧。知道为什么会有这种感觉吗？"

女儿："是注意力的问题？已经拥有的，我们很少会关注到；而不曾拥有的，我们会优先关注，也因此它们拥有了改变生命体验的能力？"

我："是的。在注意力的驱动下，多巴胺的活动特征也是如此：它不关注我们拥有了什么，更在乎我们即将拥有什么。"

预期才是快乐之源

沃尔弗拉姆·舒尔茨的研究发现，当我们预测到即将得到更高的回报时，多巴胺神经元放电会增强；当我们预测回报不期待时，多巴胺神经元放电会减弱；如果预测回报相比期待没有任何意外，那么多巴胺神经元放电强度不变。

与此类似，埃里克·斯蒂斯及其同事利用功能性磁共振成像仪，比较了苗条的青少年女性和肥胖的青少年女性对饮用一份巧克力奶昔的预期和实际体验时大脑活动的变化。他们发现，饮用奶昔前，肥胖女性脑部的味觉皮质和部分初级身体感官区域表现出更大程度的激活，这说明她们更期待这份奶昔。但是，当喝到奶昔后再次测试，肥胖女性脑部富含多巴胺受体的皮质下区域激活程度反而下降了，这说明当预期消失后，脑内多巴胺活动反而会减少。

女儿："所以，满足与不满足源于大脑自动化预测机制？"

我："是的。多巴胺也与预期好坏直接关联。基于多巴胺在预期阶段与体验阶段的变化，有人说多巴胺是主宰'贪婪'的神经递质，因为它会让我们忽略已经拥有的一切，而无止境的渴望更多，永不满足。"

女儿："欲壑难填？"

我："就是如此。"

女儿："那多巴胺太多反而会变成有害的？"

我："生命有自己内在的平衡机制，任何时候，打破平衡都有可能伤害自我。这也是为什么我们要观察事实，理解生命运作的逻辑。作为一种脑神经递质，多巴胺不是很多人说的'快乐素'，其实，它直接驱动着我们的生命活动，比如喝水、进食、繁衍等，也影响着大脑执行功能的表现。"

为何我们的行为会在理智和冲动之间摇摆

伏隔核是大脑奖赏回路中的一个关键结构，神经生物学家莫腾·柯林奇巴赫称之为大脑的快乐与幸福之源，只要刺激它就能让人产生快乐的感觉。

这种即刻快乐的感觉是我们的动力之源，会让我们乐于在此刻做出相应的行动。

在脑内，可以为伏隔核提供快乐刺激进而驱动我们相应行为的回路有两条：一条源自理智中心，核心是前额叶皮质中的眶额叶皮质；另一条源自情绪中心，包含杏仁核、海马体、纹状体、下丘脑、脑岛等大脑区域，其核心是杏仁核—海马体组合。这两条回路的作用截然不同。

约翰斯·霍普金斯大学的米凯拉·加拉格尔等设计了一项实验：将实验鼠放在某个地方，每次开饭前灯光会变成绿色。几天后，实验鼠学会了把绿色灯光和获得食物联系起来，于是，绿色灯光开始唤醒它们强烈的兴奋情绪。

此后，研究人员开始向食物中加入少量的某种药物，实验鼠无法发现药物的存在，但药物会让它们产生严重的不适感。很快，前额叶运转正常的实验鼠开始怀疑食物；而前额叶活动受到抑制的实验鼠，看到绿色灯光时依然会做出强烈的反应，它们的大脑无法将之后强烈的不适感与食物关联。

据此，研究人员呈现了一个事实：前额叶皮质回路关系到我们能否理解事实，以及据此做出判断、决策和预期未来的能力，它决定着我们能否为了长远利益而忍受即刻的快乐诱惑。相比之下，杏仁核—海马体组合回路，更多地关注眼前的利益，并驱动行为服务于此刻良好的感受，哪怕这会伤害我们的生命。

格雷斯等人研究发现，这两条回路与伏隔核间的联系媒介是多巴胺：伏隔核神经元对来自两条不同回路的多巴胺反应模式不同。简单来说，伏隔核神经元负责接收信息的树突上有几种不同的多巴胺受体：其中 D_1 受体负责接收前额叶皮质回路发出的神经元信号，这会让伏隔核听从于大脑前额叶发出的指令；其他几种多巴胺受体负责接收杏仁核—海马体组合回路发出的神经元信号，该回路不具备深思熟虑的能力，它们负责按照既定的模式迅速对刺激做出反应（也就是我反复提到的自动化反应模式）。这些不同的多巴胺受体，在不同状态下活性不同：前额叶赖以与伏隔核交互信息的 D_1 受体，在多巴胺浓度处于正常水平时工作效率较高；而杏仁核—海马体组合与伏隔核交换信息的受体，在多巴胺浓度较高时工作效率较高。

于是，我们的大脑前额叶和杏仁核—海马体组合，就开始依托于脑内多巴胺浓度，彼此争夺对伏隔核的控制权：在多巴胺浓度处于正常水平时（通常意味着我们平静而放松），伏隔核受前额叶控制，我们的行为充满理性，会为了长远利益而忍受即刻的不快；但随着多巴胺浓度的上升，伏隔核神经元对来自前额叶的信号反应变弱，开始更多受控于杏仁核—海马体组合，于是，我们的行为自然转向了追逐即刻的愉悦。

女儿："脑内神经递质的浓度直接决定着我们能否深思熟虑？"

我："是的。大脑活动是我们注意、记忆、学习、决策、行为等生命活动的基础，而神经递质活动则是大脑活动的基础。"

女儿："我觉得神经递质和大脑表现的关系，有点儿类似于耶克斯–多德森定律：多巴胺浓度适中，大脑执行功能表现最好；多巴胺浓度过高，大脑执行功能表现反而下降。"

我："是的，这其实就是耶克斯–多德森定律背后的生理机制：不同的受体，在不同状态下活性不同。与多巴胺类似，去甲肾上腺素是另一种决定前额叶神经元工作表现的神经递质。它的作用机制也依赖于神经元受体活性变化。前额叶神经元接收信息的树突上有 α_1 受体、β 受体、α_{2A} 受体。其中，α_1 受体和 β 受体的作用，是减弱神经元在一段时间内维持一项活动的能力，而 α_{2A} 受体则是增强神经元维持一项活动的能力。我们前面提过的工作记忆，就依赖于神经元活动：当它增强时，我们的工作记忆能力会变强，注意力高度集中，大脑执行功能表现令人满意；当它减弱时，我们会感觉无法集中注意力，无法完成记忆任务。"

女儿："那我猜猜，是不是说，去甲肾上腺素浓度适中时，α_{2A} 受体的活性最好？"

我："是的。当去甲肾上腺素水平较低或较高时，α_{2A} 受体活动被抑制，而另两种受体分别表现出高活跃状态，于是，前额叶皮质执行功能表现下降。阿恩斯滕发现，疲劳状态与低水平的去甲肾上腺素和多巴胺有关，在这种状态下，我们可能什么都不想做。当去甲肾上腺素的浓度过高时，我们会感觉心烦意乱，做什么都无法专注。只有在去甲肾上腺素水平维持在一定范围内时，α_{2A} 受体才会被激活，前额叶皮质也运转良好，我们会感觉自己的注意力、记忆力、分析领悟力、解决问题的能力等都开始改善。"

女儿："这就是为什么我们首先要处理糟糕的情绪？压力大时，多巴胺和去甲肾上腺素会大量分泌，这会降低我们大脑的表现。"

我："是的。所有让我们兴奋的，都有可能降低我们大脑的表现。比如很多人都能发现，热恋中的人智商下降。大量的研究表明，恋爱会导致多巴胺大量分泌，而这会降低我们在逻辑思考、长时记忆、短时工作等方面的表现。"

女儿："因此你反复说要想改善大脑表现，就需要让自己放松。这背后也有神经递质的力量吗？"

我："听说过血清素吗？你可以把它理解为让我们平静放松的力量。马拉齐蒂等研究人员分析了处于热恋状态中的人和普通人的血液，发现人们热恋时人体血清素水平会显著降低。实际上，血清素还会通过影响注意力来塑造我们的生命现实。”

女儿：“血清素可以影响注意力？”

我：“科尔斯等人研究发现，血清素可能参与了大脑对负面信息的关注。实验室研究表明，抑郁的人很难抑制自己优先关注具有消极意义的词汇。比如在中性词‘水果’和消极词‘死亡’间，抑郁的人会优先关注‘死亡’。虽然这背后确切的机制并没有得到解释，但大脑内血清素水平较低时，我们会对负面刺激更敏感。反之，当杏仁核中血清素水平重新上升时，这种情况就会消失。”

女儿：“要想透彻地理解一切生命机制看样子很难。”

我：“注意，你这句话展示的就是人性：永远在追逐未知而不满足于已知。我们说过，经验具有时代局限性，科学作为经验的结晶，也是受限的。既然清晰地发现我们无法真的厘清一切，那我们真正要做的就不是努力追逐，而是利用已知的一切，清晰地理解自我、理解世界。实际上，我们探讨了这么多，已经清晰地呈现生命运作的事实：一切生命活动，都有其内在的运作规律；这些规律背后，是特定的大脑活动模式；而大脑活动又会受到激素、神经递质等生理因素的影响。无论规律、模式，还是生理因素，我们都无力完全控制，只能施加有限的影响。基于这些认识，我们至少可以清晰地识别什么行动是有害的，然后有能力第一时间识别它们进而远离它们。这种远离伤害的行为，就是我们一直渴望的走向正确、完美的行为。”

女儿：“听起来这是一条不同的路，不是‘如何走向正确’，而是‘清晰地识别什么是有害的，然后有意识地远离有害行为’的路。”

我：“是的。我们的生命，受困于很多不可控的力量。但无论何时，有意识的行为都可以决定我们此刻的生命现实。要想真正掌控生命，我们需要有能力识别并走出无意识反应，开始新的、有意识的行动！只有在这种转变中，我们才会成为生命的舵手。”

本章结语

科学发现的过程永无止境。

我们对生命的理解，不需要依赖无止境的科学发现，善用已有的发现，我们足以构建对人性的理解。

在这种理解的基础上，我们足以走出无意识的反应模式，只有走出了无意识的反应模式，我们才能开始新的有意识的行动过程。

这是拿回生命掌控权的过程。

无论此刻生活多么艰难，只要愿意，我们都可以再次成为生命的主人。

后记

智慧无法外求，它建立在我们个人的实践和体悟之上

生命一直是富于逻辑的，我希望更多读者能通过本书，走向内在的觉醒，也就是即刻自知的状态。

但这并不容易，因为无知与自知，每一刻都可能彼此转换。

很多读者、来访者、跟随我的练习者都会反馈一种体验：你说的我仿佛都懂了，但我就是做不到啊！

知道却做不到！

为什么会这样？

答案一方面在于我们前面提过的感受与行为的逻辑，即我们会自动追逐简单轻松的体验，不希望生活变得麻烦；另一方面在于注意的逻辑，专注于特定认知活动时，我们注意不到其他的信息。

所以，在大脑做出追逐不麻烦的自动化反应的那一刻，因为无意识的忽略，我们所“知道”的，会变成事实上的“不知道”。

此刻，我们迅速陷入了全新的麻烦：自以为知道实则一无所知。

这是两种不同的无知：真的无知和注意不到导致的无知。

虽然无知的根源不同，但其带来的结果却一模一样。除非我们不怕麻烦，在生命发生的那一刻能注意到自己的无知，也因此有机会走向即刻的自知。

两位不同的练习者，分别展现了什么是即刻的认知。

练习者一：“早上一起来就思绪纷飞，包括昨晚的综艺、今

天的工作、周末的安排等。走在上班的路上，我想起了 9 月找工作的事情，想到自己是不是要和刚毕业的大学生们竞争，进不了大厂……这个时候我意识到自己的无意识，意识到我在拿想象吓唬自己。于是我有意识地喊停了无意识的思绪，又开心愉快地走在上班的路上。”

练习者二：“自从知道了痛苦真正的起源，就经常能够在一瞬间发现大脑的缺陷。比如周末和其他人出去户外，在金海湖边看到一处荒废的树屋民宿。我突然想起这就是孩子们很小的时候我们来过的地方，当时孩子在大坝上兴奋地又唱又跳，第一次睡在一个有树的房间的时光充满了快乐……一瞬间，过去美好的记忆都来了，大脑开始讲‘那时候’的故事：那时候孩子们好可爱、好天真无邪，那时候我的家好幸福，而现在、眼前……我的大脑开始给我烘托伤感的氛围，推送心痛的感受，形成失败的结论。以前，我会深陷痛苦，但这一次，我意识到了自己的变化，我清晰地知道此刻大脑在给我搬弄是非，让我痛苦，于是我轻轻甩了下头，开始观察自己身体的变化……很快，我又能享受这一刻与孩子相处的愉悦。”

即刻的自知，会带来即刻生命状态的变化。

需要注意的是，虽然我在努力地揭示生命的逻辑，但支持生命状态改变的其实不是静态的理解逻辑，而是理解后能走向动态的、每一刻清晰的“自知”行动。离开了这种“自知”，逻辑也可能会造成伤害。

这正如克里希纳穆提讲过的一个故事：“魔鬼和他的朋友走在街上，看到一个人在挖地，然后捡起一样东西，看一看，如获珍宝般地放到口袋里。朋友问魔鬼：‘他在捡什么？’魔鬼说：‘他捡了一片真理。’朋友说：‘那对你可不是好事。’魔鬼回答说：‘噢，一点儿都不。我要让他去组织真理。’”

这也如同哈耶斯教授团队所呈现的：有益的腹式呼吸，反而可能让使用者感到崩溃。

所以，揭示逻辑，让更多的人在理智的层面“知道”逻辑，并没有实质性的意义，因为在生活变化的那一刻，我们依然“什么都不知道”。

对此，著名学者威尔·杜兰特阐释得更极端：“人类历史上最大的错误是发现了真理。真理让我们摆脱了妄想和克制，但并没有让我们获得真正的自由，也没有让我们变得更快乐……”

如果能通过揭示逻辑，启发每个人结合鲜活的生活去反复观察、领会并运用逻辑，让逻辑真正融入生活，变成生活瞬间自知的智慧，开始服务并指导每一刻生命的行动，那揭示逻辑的行动就会弥足珍贵。

所以，**要想从本书中获益，我们需要在有意识的实践中一步步走向自知：**反复发现自己对无意识的依赖，以及由此受到的伤害，进而开始有意识地远离伤害。

这种远离伤害的实践，有机会让每个人都能摆脱经验束缚，获得全新的行动智慧。

这种全新的行动智慧，将解放每一颗饱受折磨的心灵，让每个人都有机会在即刻的解脱中走向全新的、轻松喜悦的生活。

这才是我真正的目标，而揭示逻辑不过是达成这一目标的必要手段。

在本书的最后，我想再次提醒：智慧无法外求，它建立在我们个人的实践和体悟带来的即刻的觉醒之上。一旦离开了有效的实践，离开了由此而来的清晰自知，离开了对此刻有害的的语言或行为的清晰觉察，以及觉察后全新的行动调整，那我对逻辑的描述，反而会成为读者全新的生命枷锁；同样，读者对生命逻辑和生命解脱的渴求，也不过是缘木求鱼、痴人说梦。